KB045023

韓半島 中西部地域의 地形環境 分析

● 編著者

이홍종 _ 李弘鍾

1958년생 충북 진천 출생

- • 현재 : 고려대학교 고고미술사학과 교수 겸 한국고고환경연구소 소장
- • 학력 : 高麗大學校 史學科 卒業, 日本 九州大學 大學院 考古學專攻 석사 및 박사(1994년)
- • 전공 : 青銅器時代의 聚落, 韓日 農耕文化의 비교, 低地帶의 考古學的 環境
- • 주요논저 : 『청동기시대의 토기와 주거』
  「송국리식토기의 시공적 전개」
  「송국리형취락의 공간배치」
  「송국리문화의 문화접촉과 문화변동」
  「무문토기와 야요이토기의 실연대」
  「우리나라의 초기 수전농경」
  「한일 교섭으로 본 야요이사회의 전개과정」 외 다수
- • leehong@korea.ac.kr

다카하시 마나부 _ 高橋 学

1954년 愛知縣(아이치현) 출생

- • 현재 : 立命館(리츠메이칸)대학 문학부 교수
- • 학력 : 立命館(리츠메이칸)대학 문학박사
- • 전문(전공) : 환경고고학 · 재해 리스크 매니지먼트
- • 주요논문 : 「埋沒水田遺構의 地形環境分析」
  「古代莊園圖의 地形環境」
  「土地의 履歷과 阪神大震災」
  「土地利用의 變化가 擴大시킨 水害 - 1998年 長江大水害」 등
- • manabu@lt.ritsumei.ac.jp

高麗大學校 韓國考古環境研究所 學術叢書 6

韓半島 中西部地域의 地形環境 分析

인 쇄 일	2008. 10. 15
발 행 일	2008. 10. 20
지 은 이	李弘鍾, 高橋 学
발 행 처	도서출판 서경문화사
	주소 : 서울특별시 종로구 동숭동 199 - 15(105호)
	전화 : 02-743 - 8203, 8205
	팩스 : 02-743 - 8210
	메일 : sk8203@chollian.net
인 쇄	용성프린팅
제 책	반도제책사
등 록 번 호	제 1 - 1664호

ISBN 978-89-6062-033-9 93450

* 파본은 본사나 구입처에서 교환하여 드립니다.

정가 17,000원

高麗大學校 韓國考古環境研究所 學術叢書 6

韓半島 中西部地域의 地形環境 分析

李弘鍾
高橋 学

서경문화사

차 례

高麗大學校 韓國考古環境研究所 學術叢書 6

韓半島 中西部地域의 地形環境 分析
한반도 중서부지역의 지형환경 분석

高麗大學校韓國考古環境研究所學術叢書 6

韓半島 中西部地域의 地形環境 分析

高麗大學校韓國考古環境研究所學術叢書 6

韓半島 中西部地域의 地形環境 分析

Ⅰ. 머리말

　　지금까지 한국에서는 군 단위의 현지조사를 통하여 축척 1/10,000의 유적분포도가 작성되어 왔다. 이를 보면 대부분의 유적은 산지나 구릉 혹은 토석류 선상지대에 분포하며, 평야의 경우 고분을 제외하면 유적의 존재가 거의 확인된 바 없다. 그러나 최근 활발해진 국토개발로 인하여 평야에 대한 분포조사나 시굴조사가 시작되면서, 평야에도 다수의 유적이 넓은 범위에 걸쳐서 혹은 몇 개의 층위를 이루면서 발견되고 있다. 이에 따라 유적조사방법이 근본적으로 재검토되기 시작하였다.

　　한편, 지금까지 군사기밀로 일반인에게는 볼 기회가 제공되지 않았던 1/50,000 지형도나 1/25,000 지형도를 비롯하여, 더 큰 축척의 1/10,000, 1/5,000 지형도도 이용할 수 있게 되었다. 또한 랜드샛(LANDSAT) 등의 인공위성 자료나 항공사진도 이용 가능하게 되었다. 이밖에 아직 일반인의 활용은 불가능하지만, 50m 단위의 DEM(Digital Elevation Model)도 전국적으로 정비되어 있다. 이들의 조사조건이 정비되면서 지형환경분석을 행할 수 있게 되어 지표조사에서 거의 제외되었던 평야지역에 대한 유적분포 예측이 가능하게 되었다.

　　한국고고환경연구소에서는 행정중심 복합도시내 평야지역에 대한 고지형분석을 행한 바 있다. 그 결과 금강변에 위치하는 장단뜰과 대평뜰에 선사시대부터 유적이 존재할 가능성이 많은 것으로 판단하여 시굴대상지역으로 보고한 바 있다. 그리고 실제 공사용 임시도로 개설과 관련하여 극히 일부 지점을 시굴한 결과 유구와 유물이 상당량 확인되었다. 평야지역에 대한 지표조사는 현재 대부분이 논으로 이용되고 있어 육안으로 유적의 존재 가능성이나 고지형을 관찰하기란 거의 불가능하다. 이러한 어려움으로 인해서 그간 한국 고고학은 수몰지역을 제외하고는 평야지역에 대한 유적조사를 거의 행하지 못하였다. 이에 평야지역 조사의 필요성을 제기하고자 분석을 실시하게 된 것이다.

　　본 조사보고서는 위에서 언급한 이용 가능한 자료들과 1/20,000의 항공사진을 이용하여 행한 고지형분석 결과이다. 항공사진은 국토정보지리원에서 공급하는 사진으로서 1967년부터 최근까지 촬영된 것을 가능한한 모두 참조하였으나 아쉽게도 1967년 이전의 항공사진은 구하지 못하였다. 또한 1/10,000의 사진을 관찰하면 좀 더 미세한 분석결과를 얻을 수 있지만 현재로서는 확보하기가 쉽지 않다. 따라서 본서에 표시된 고지형은 광범위하면서 뚜렷하게 관찰되는 것만을 도화하였기 때문에 표기되지 않은 지역이라도 실제 조사시에는 세세한 관찰이 필요함을 강조하고 싶다. 항공사진을 이

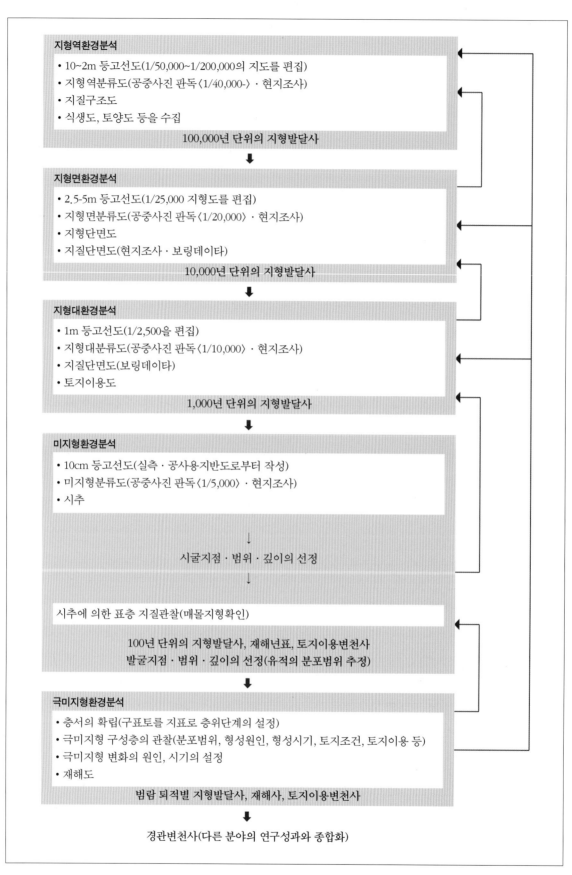

지형역환경분석

- 10~2m 등고선도(1/50,000~1/200,000의 지도를 편집)
- 지형 역분류도(공중사진 판독〈1/40,000-〉·현지조사)
- 지질구조도
- 식생도, 토양도 등을 수집

100,000년 단위의 지형발달사

지형면환경분석

- 2.5-5m 등고선도(1/25,000 지형도를 편집)
- 지형면분류도(공중사진 판독〈1/20,000〉·현지조사)
- 지형단면도
- 지질단면도(현지조사·보링데이타)

10,000년 단위의 지형발달사

지형대환경분석

- 1m 등고선도(1/2,500을 편집)
- 지형대분류도(공중사진 판독〈1/10,000〉·현지조사)
- 지질단면도(보링데이타)
- 토지이용도

1,000년 단위의 지형발달사

미지형환경분석

- 10cm 등고선도(실측·공사용지반도로부터 작성)
- 미지형분류도(공중사진 판독〈1/5,000〉·현지조사)
- 시추

↓

시굴지점·범위·깊이의 선정

↓

시추에 의한 표층 지질관찰(매몰지형확인)

100년 단위의 지형발달사, 재해년표, 토지이용변천사
발굴지점·범위·깊이의 선정(유적의 분포범위 추정)

극미지형환경분석

- 층서의 확립(구표토를 지표로 층위단계의 설정)
- 극미지형 구성층의 관찰(분포범위, 형성원인, 형성시기, 토지조건, 토지이용 등)
- 극미지형 변화의 원인, 시기의 설정
- 재해도

범람 퇴적별 지형발달사, 재해사, 토지이용변천사

경관변천사(다른 분야의 연구성과와 종합화)

그림 1 _ 지형환경분석의 순서와 방법

용하여 지형분석을 행하기 위해서는 많은 시간과 경비만이 아니라 관찰 가능한 전문적인 지식이 필요하다. 따라서 이번의 고지형분석은 필자가 주로 활동하는 충청과 경기 일부지역만을 대상으로 하였다. 앞으로는 한강유역, 임진강유역 등 경기 북부지역과 호남지역을 대상으로 고지형분석을 행할 계획이다.

II. 地形環境分析

지형환경분석은 〈그림 1〉과 같이 5단계의 하위 분석(sub-analysis)으로 구성된다. 먼저 지형역환경분석에서는 10만 년 단위 또는 그 이상의 타임스케일에 포함되는 산지, 구릉, 평야의 분포상태를 하천유역마다 살피는데, 이 분석은 주로 지질학의 방법을 이용한다. 두 번째 지형면환경분석은 1만 년 단위의 타임스케일로 평야에 주목하여 단구면의 형성에 대해서 살펴보는데, 이 분석은 주로 지형학적 방법을 이용한다. 세 번째 지형대환경분석은 지형면분석에서 구분되어진 지형면의 형성요인에 관하여, 노두에서의 지층 관찰을 행하거나 기존의 시추 자료 또는 실제 시추된 결과 등을 통해 1,000년 단위의 지형환경 변화를 검토하는 것이다. 이 분석에는 지형학적 방법을 사용한다. 네 번째 미지형환경분석은 지형환경분석의 독자적인 분석방법으로, 100년 단위 또는 그 이하의 타임스케일로 인식할 수 있는 환경변화에 접근한다. 대축척 항공사진의 판독을 행하거나 시추봉을 사용하여 자연제방, 배후습지, 구하도 등의 형성과정을 조사한다. 조사는 고고학의 시굴조사 이전부터 실시하며, 10cm 등고선도의 작성을 통해 매몰된 미지형의 검토도 행한다. 이를 통하여 좀더 유효한 시굴 조사의 지점 및 방법을 검토하는데, 구체적으로 시굴 그리드의 밀도, 시굴트렌치의 방향, 깊이 등을 예측한다. 그리고 실제로 시굴조사가 시작되면, 지층의 퇴적 상태를 관찰하여 매몰된 구지표면의 수, 매몰된 이유와 방법 등에 관하여 고찰한다. 또한 구지표면마다 토지이용의 상태를 유추한다. 마지막으로 본격적인 고고학 조사에 수반하여 지층으로부터 환경변화의 모습이나 토지이용의 상태, 재해와 재개발의 양상 등을 확인한다. 이때 하천 1회의 홍수나 화산 1회의 분화 등 극히 단기간의 것까지 대상으로 한다. 본 책에서의 지형환경분석은 환경사 · 토지개발사 · 재해사를 하나의 관점으로 보면서, '토지의 이력' 을 검토하고자 한다. 여기에서 중요한 것은 '토지의 이력' 을 밝히는 연구가 과거 인간의 생활환경을 해명할 뿐만 아니라 현재와 미래의 防災計劃이나 都市計劃에 도움이 되는 데이터를 제공할 수 있다는 점이다.

III. 地形域環境分析

가장 광범위하게 지역을 설정하는 것이 지형역환경분석이다. 이 분석에서는 하천의 유역 전체를

대상으로 하는데, 10만 년 단위의 타임스케일로 인식할 수 있는 지형환경을 분석한다. 분석에는 1/50,000 지형도~1/200,000 지세도가 기초지도로 사용된다. 또 랜드샛 등의 인공위성 데이터나 1/40,000 항공사진의 판독이 유효하다. 이밖에 지질구조도, 식생도, 토양도 등이 이용된다. 한편 현지 조사도 함께 병행한다.

하천의 유역은 산지역, 구릉역, 평야역, 수역으로 분류된다. 산지역은 固結한 암반으로 구성되며, 표고가 높고 급경사의 사면이 형성되어 있다. 이에 반해 구릉역은 주로 半固結의 퇴적물로 구성되며, 표고는 산지역에 비교하면 낮고 완만한 사면과 복잡한 가지능선이 특징이다. 또한 평야역은 未固結의 퇴적물로 구성되어지며, 저평한 약간의 미지형만이 확인될 뿐이다.

한반도를 거시적으로 보았을 경우 동쪽은 융기경향이 뚜렷한 반면 서쪽은 침강경향이 강하다. 이로 인해 서해의 조수간만 차가 커지면서, 기복이 작은 평야역이 전개된다. 산지역이나 구릉역의 고도도 서쪽으로 갈수록 낮아지는 경향이 있다. 또한 河成段丘面은 중류역보다 상류역에 발달하는데, 하류역에 대해서는 현 지표에서 확인할 수 없다.

표 1 _ 한반도에서 발생한 지역별 최대규모의 피해지진(秋教昇外 2001)

지역	발생일	진앙위치	지명	위치정밀도	지진규모(M)
경기도	1989. 7. ?	37.5 127.1	서울	3	6.5(7.0)
경상도	779. 4. ?	35.8 129.2	경주	3	6.5
황해도	1385. 8. 1	38.0 126.5	개성	3	6.0
전라도	1455. 1. 24	35.4 127.4	남원	3	6.5(6.8)
경기도	1518. 7. 2	37.6 127.0	서울	3	6.5(6.8)
평안도	1546. 6. 29	39.1 126.1	평양	4	6.5
충청도	1594. 7. 20	36.6 126.7	홍성	4	6.0
양강도	1597. 10. 7	41.3 128.0	삼수	3	6.0(5.0)
경상도	1643. 7. 24	35.5 129.3	울산	3	7.0(6.3)
강원도	1681. 6. 26	37.5 129.3	양양 · 삼척	4	7.5(7.3)
함경도	1727. 6. 20	39.9 127.5	함흥	3	6.0
함경도	1810. 2. 19	41.8 129.8	청진	3	6.5

〈그림 2〉는 랜드샛 7호의 데이터를 화상처리한 것이다. 한반도 남동부의 포항에서 부산에 걸치는 북북동-남남서 및 북북서-남남동으로 이어진 6줄기의 선명한 선상구조(lineament)가 확인되어 활단층이라고 생각되어진다. 경주의 시가지는 이 활단층에 연하여 북에서 흐르는 형산강의 우안에 위치하고 있다. 따라서 이 지역은 直下型地震의 피해를 입을 우려가 있어 충분히 주의하지 않으면 안된다. 양산 단층은 길이 약 200km로 북북동-남남서로 이어진 거의 수직의 우측방향 가로 단층이며, 경주에서 울산에 걸친 울산 단층은 길이 약 50km에 북북서-남남동으로 뻗은 북동 30°의 역단층임이 일본인 오카다 등에 의하여 확인된 바 있다. 역사시대 기록에 의하면 울산에서 1643년, 그리고 울산의 북쪽에

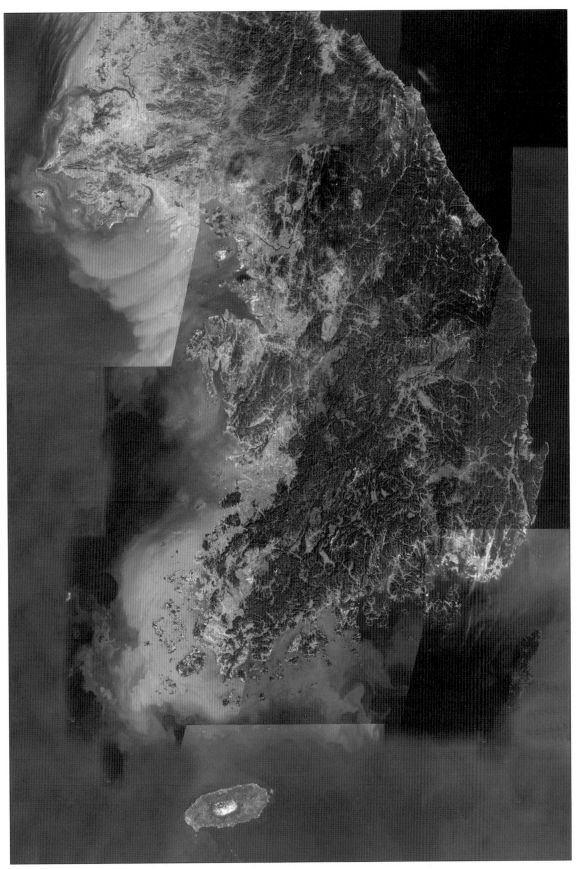

그림 2 _ 대한민국 위성사진(LANDSAT7)

서 1757년에 사망자가 발생한 지진이 일어났다. 또한 경주에서는 지진이 34년, 100년, 123년, 304년, 471년, 510년, 630년, 779년에 발생했다고 한다(Kyung et al. 1996).

일반적으로 유라시아 판 위에 위치하는 한반도는 판의 경계에 자리한 일본열도 등에 비하여 지진이 적다. 이 때문에 건축물이나 도시구조의 구축에 있어서 지진의 존재를 생각하지 않고 있는 실정이다. 그러나 한반도 남동부는 직하형지진이 발생할 가능성이 있는 지역이라는 점을 인식하여야 한다. 14~15층 고층건물의 경우 1층이나 2층 등의 낮은 층이 상층에서 받은 무게로 무너질 가능성이 있다. 앞으로 '토지의 이력'을 충분히 파악한 후 도시계획이나 건축기준 등을 다시 살펴보고 지진피해를 최소한으로 억제하는 도시계획이 행하여질 필요가 있다. 또한 충남지역도 상당수의 단층이 지나가고 있어 앞으로 도시계획을 세우는데 참고할 필요가 있을 것이다.

IV. 地形面環境分析

1만 년 단위의 타임스케일로 지형환경을 파악하는 것이 지형면분석이다.

기초지도로 1/25,000 지형도가 이용되며, 1/20,000 항공사진의 판독이나 시추 자료의 해석을 행한다. 또 현지조사는 도보로 이동하면서 정밀한 노두관찰과 지형관찰을 실시한다. 이번 책에 게재한 지도는 지형면환경분석을 주로 실시한 것이며 흑백(monochrome) 1/20,000 항공사진 판독에 의한 豫察圖 버전1에 해당한다. 이후 현지조사나 다른 시기에 촬영된 항공사진의 판독 등에 의하여 수정을 가할 필요가 있다.

이 지형분류 예찰도는 주로 1970년대 후반(일부 1968년)에 촬영된 축척 약 1/20,000 흑백 항공사진의 판독 결과를 최신(2005 · 2006 · 2007년)의 국토지리정보원 발행 1/25,000 지형도에 표시하여 작성한 것이다.

작성에 이용한 항공사진의 대부분은 이미 대규모 농지구획정리가 이루어진 다음의 사진이므로 미지형까지 판독할 수 없는 곳이 상당부분 존재하였다. 또 항공촬영의 시기와 1/25,000 지형도의 제작 시기에 약 30년의 시간차가 있기 때문에, 항공사진의 판독 결과를 지형도에 표현할 때 기준이 되는 랜드마크가 없어져 정밀도가 떨어지는 부분이 있다. 특히 都市部와 臨海部의 대규모 人工改變地, 그리고 河川改修에 의한 변화가 뚜렷하다.

산지역에서의 식생은 주로 느티나무 등의 낙엽활엽수와 적송으로 구성되어 있다. 30년 전에 민둥산과 적송의 소림 상태에서, 정부의 삼림보호 정책에 의해 자연 식생이 부활한 것을 볼 수 있다. 이러한 사실과 하천의 인공제방에 의한 유로의 고정 및 직선화, 댐의 정비 등 사회적 인프라스트럭처(infrastructure)의 정비가 진전되었기 때문에, 한국에서는 홍수의 발생 빈도가 줄어들고 있다. 반면 삼림의 황폐화가 심한 북한지역은 홍수 피해가 여전히 심각한 편이다.

구릉역에서는 도시나 경지의 확대, 대규모 인공조성지의 조성에 의하여 지표의 형상이 완전히 변해버리고 말았다. 한편 산지역이나 구릉역 혹은 이들을 가로지르는 개석곡의 경우 경지가 버려져

황무지화된 곳도 여기저기에서 볼 수 있다.

평야역에서는 한반도의 동쪽에서 전형적인 海成段丘面이 다수 발달한 것에 반하여, 서쪽에서는 10m가 넘는 조수간만의 차에 의한 광대한 면적의 개펄이나 이를 간척한 논, 염전, 혹은 인공적으로 성토한 대규모 인공개변지가 전개된다.

한반도의 동해안 쪽에는 응회암 등의 기반 위에 海浜礫이 퇴적된 해성단구면이 최소 두 개 면 이상 발달한다. 위쪽의 해성단구면은 바다와의 비고가 20m 정도이며 리스-뷔름 간빙기의 높은 해수면에 대응하여 형성된 것으로 추정된다. 또 아래쪽의 해성단구면은 바다와의 비고가 3~6m로 소위 3만년 단구에 해당하는 것이라 생각된다.

그런데 한반도 동남부에 위치한 경주에서는 단구화된 토석류 선상지대 이외에 2개 면의 河成段丘面이 관찰된다. 이 가운데 위쪽에 위치하는 하성단구II면은 선상지대로서 형성된 것이다. 이 면은 갱신세 段丘低位面이거나 충적세 단구 I 면(일본에서는 야요이시대 전기 말~중기 초두에 단구화되었음)에 해당한다. 한편 아래쪽에 위치하는 하성단구면은 경주시내의 북쪽을 동-서로 흐르는 북천과 남쪽을 동 - 서로 흐르는 남천이 형성한 선상지대에 해당한다. 이 지형면은 하성단구III면 (일본에서는 11세기 무렵 단구화된 충적세 단구II면)일 가능성이 높다. 만약 이 지형면이 충적세 단구II면에 해당한다면, 신라시대에 이 지형면은 범람원으로서 자주 홍수의 피해를 입었을 것이다. 이 지형면이 홍수를 받지 않게 된 것은 신라멸망과 동시대이거나 그 후의 일이다.

경주에 다수 존재하는 고분은 하성단구II면 내지 하성단구III면의 지형면 위에 입지하고 있다. 또 이러한 지형면 위에 정방위 또는 이와 가까운 방격의 토지구획이 관찰되어, 條理 또는 條坊制에 의한 토지구획 가능성이 있다. 한편 국립경주박물관의 남쪽에는 조리(혹은 조방)에 연한 개석곡이 서쪽에서 동쪽으로 이어져있다. 이는 조리(혹은 조방)로 규제된 인공적인 수로가 이러한 지형면의 단구화에 수반하여 개석곡을 형성하였음을 나타내는 것이라 생각되어, 조리(혹은 조방)가 시공되면서부터 뚜렷한 단구화가 생겼을 가능성이 주목된다.

안압지는 하성단구II면과 하성단구III면의 경계를 서쪽으로 흐르는 구하도(혹은 수로)의 물을 이용하여 인공적으로 굴착한 것이다. 그 동쪽에도 동서 약 2町, 남북 약 1町의 습지가 항공사진에 나타난 덤프마크로 예측된다. 하성단구면 3면의 형성이 일본과 같이 11세기 무렵이라면, 안압지는 물을 끌어들이기 쉬운 상태에서 형성된 것이 된다.

현재의 시가지 중심부는 하성단구III면 위에 위치하고 있지만, 북천에 연한 현재의 범람원면에도 최근 급속한 도시화가 진행되었다. 북천이 형성한 범람원면을 보면 국도 7호선의 서쪽에서 만곡하면서 북서방향으로 흐르는 것을 알 수 있다. 이와 같이 현재의 범람원면에 입지한 新市街地는, 홍수는 물론 지진이 발생하였을 때 큰 피해를 받을 가능성이 높은 장소로 방재에 문제가 있다.

또 경주시가지의 서쪽에 활단층을 따라 북쪽으로 흐르는 형산강은, 좌안에 뚜렷한 하성단구III면이나 자연제방, 그리고 구하도를 형성하고 있었다. 그러나 이들의 일부는 고층아파트의 건설로 인해 파괴되었다.

그런데 충청남도나 그 북쪽에 인접한 경기도에서는 산지, 구릉, 구하도가 일부 확인되지만, 갱신세 단구면 이나 충적세 단구면이 확인될 수 있는 장소는 그다지 많지 않다. 약간의 하성단구 I 면, 하성단구 II 면이 안성과 조치원 등의 하천 중류나 상류에서 확인될 뿐이다. 단구면이 많이 확인되지 않는 이유는 3가지로 생각된다. 첫 번째, 한반도 서부가 침강역으로 단구화가 일어나지 않았을 가능성이 있다. 두 번째, 형성된 단구면이 새로운 퇴적물에 의해 덮여 존재를 판단하기 어렵게 되었을 가능성도 있다.

세 번째, '새마을 운동' 중 대규모 농지 구획정리가 이루어져 1970년대 후반의 항공사진으로는 확인할 수 없을 가능성도 무시할 수 없다. 더 이른 시기에 촬영한 항공사진의 존재를 찾을 필요가 있다. 또한 구획정리 당시나 이것 이전에 형성된 1/1,000 혹은 1/500 지도로 논 1구획마다 센티미터 단위까지 측량한 자료가 있다면, 매몰 미지형을 표현할 수 있는 미지형도의 작성이 가능하다. 이후 자료의 탐색이 필요하다. 아마도 1945년 내지 1946년 미군에 의해 촬영된 항공사진이 일본과 마찬가지로 존재한다고 생각되며, 그 자료의 소재를 찾는 것과 동시에 공개되도록 노력할 필요가 있을 것이다.

한반도 서부에 있는 서해는 캐나다의 노바 스코시아에 위치한 팬디만과 같이 조수간만의 차가 큰데, 인천에서는 무려 10m가 넘는다. 이 때문에 서해로 흘러오는 하천의 하구 부근에는 광대한 개펄이 전개된다. 여기에서는 간조 시 無從谷 형태의 수로가 모습을 드러낸다. 그리고 개펄을 퉁퉁마디(해변식물의 일종)가 한 겹으로 덮고 있는 모양을 관찰할 수 있다. 이 개펄은 간척에 적합한 장소로 광대한 면적의 간척지나 매립지(대규모 인공개변지)로 변모하고 있다. 간척되어 농지가 된 곳은 간척 이전의 수로를 항공사진에서 판독하는 것이 가능한 장소도 있다. 그렇지만 일반적으로 개펄 기원의 간척지나 매립지는 미지형이 뚜렷하지 않고 매우 저평한 양상을 보이고 있다

구하도와 하천의 溢流氾濫에 의해 형성된 미고지 자연제방, 하천의 굴곡부 안쪽에 형성되는 모래와 자갈의 互層으로 구성된 반달 모양의 미고지 포인트바 등의 미지형이 확실히 관찰되는 곳은, 조석의 영향이나 지반침하의 영향을 받지 않는 하천의 중류역보다 상류 쪽이다. 일본에서 토지이용의 차이로서 1/25,000 지형도나 1/20,000 항공사진으로 쉽게 판독 가능한 구하도, 자연제방, 포인트바 등은, 하천이 인공제방으로 고정되고 하천의 상류 쪽에서 민둥산의 형성이 뚜렷하게 진행된 15세기 말~17세기경에 이루어진 것이 대부분이다. 그러나 한국에서는 최근 자연제방 위에 삼국시대 이전으로 소급되는 취락이나 무덤 등이 입지하는 경우도 확인되고 있는데, 이는 일본의 경우와 다르기 때문에 이후 상세한 검토가 필요하다.

자연제방이나 포인트바의 형성은 산지의 토지개발과 관계가 깊다. 산지로부터 토사의 유출시기, 즉 한반도의 산지역이나 구릉역이 언제 삼림 벌채되어 민둥산화가 뚜렷하게 진행되었는지에 대해서 이후 세심하게 검토할 필요가 있다. 자연제방이나 포인트바의 형성은 산지역이나 구릉역에서 토지개발과 호응한 현상이므로, 그 형성시기를 파악하는 것은 온돌의 존재, 대규모의 철생산, 요업, 제염 등 다양한 산업과의 관계를 검토하는 데에 중요하다고 생각된다.

그런데 기존의 유적분포 조사에 의하면 한반도 서부의 산지, 구릉의 산등성이 위에 취락이 입지하고 있다. 이는 전란 시 방어나 하천의 홍수를 피하는 등의 이유에서 적극적으로 선택되어졌기 때문인지 아니면 평야에 매몰된 취락유적의 조사가 충분하지 않기 때문에 존재하지 않는 것처럼 보이는 것인지 적극적인 검토가 필요하다. 중부 일본의 나가노현에서는 종래 야쯔가타케(八ヶ岳) 산록 등에서 죠몬시대의 취락이 발견되고 있었다. 그런데 시나노가와(信濃川)가 흐르는 평야지대를 4m 굴착한

그림 3 _ 경주지역 단층분석(LANDSAT7)

곳에서도 죠몬시대의 취락이 발견되어 조사원들을 놀라게 한 적이 있다. 한반도 서부에서도 이러한 가능성은 충분히 존재한다고 보인다.

구하도에 주목하면, 각 평야의 중류역에서 뚜렷하게 관찰되는 것이 특징이다. 그리고 평야의 경사가 비교적 완만하고 전형적인 곡류를 이루고 있는 경우가 많다. 특히 충청남도와 경기도의 경계에 있는 안성천이나 그 지류인 진위천에서는 멋진 곡류를 볼 수 있다. 그러나 현재는 홍수피해를 막기 위하여 인공제방을 통해 강폭을 충분히 확보하면서, 곡류하고 있던 하천의 직선화가 이루어져 있다.

V. 금후의 전망

이번 분석은 LANDSAT 7호의 자료 분석에 의한 지형역환경분석과 1970년대 후반(일부 1968년)에 촬영된 축척 약 1/20,000 항공사진의 판독 및 약 1/25,000 지형도(최신판)의 讀圖를 통한 지형면환경분석의 성과이다. 지형환경분석 전체로 보면 개관 조사에 해당한다. 이후 1,000년 단위의 타임스케일로 지역을 파악할 지형대환경분석, 100년 단위 타임스케일의 미지형환경분석, 유적의 발굴조사에서 지표면이 홍수퇴적물 등으로 매몰된 경우 극미지형분석이 이루어져야 한다.

이후 평야의 시굴조사나 발굴조사 시, 지형면환경분석의 보충으로 지형대환경분석, 미지형환경분석, 극미지형환경분석을 행할 필요가 있다. 지형면환경분석의 보충에서는 현장조사에 의한 지형분류 예찰도의 수정이 과제이다. 지형대환경분석에서는 기존 시추 자료의 정리 등을 통하여 충적세 최대해진의 범위나 시기를 밝혀내야 한다. 미지형환경분석에서는 시굴조사에 앞서 매몰미지형의 예찰을 행하여, 시굴조사지점이나 범위를 선정해야 한다. 또한 시굴조사가 시작된 후에는 표층지질의 관찰을 행하여 미지형 변화의 양상이나 토지이용의 상태, 지표면을 매몰시킨 재해의 상황을 검토할 필요가 있다. 극미지형조사에서는 유적의 발굴조사와 병행하여 층서의 확립(구표토를 지표로 한 단계의 설정)이나 극미지형 구성층의 관찰에 의한 분포 범위의 검토, 극미지형의 형성요인, 그 형성시기, 토지이용의 복원 등을 실시하고, 극미지형 변화 원인의 검토나 시기를 추정할 필요가 있다. 그리고 그 결과는 발굴조사에서 검출된 유구와의 관계를 고찰한 후 극미지형 환경변천도나 변천표로 작성한다.

그리고 마지막으로 '토지의 이력'을 고려한 재해 위험 대책 지도(risk management map)가 작성된다. 발굴조사는 단지 과거의 양상을 밝히는 것일 뿐만 아니라 '토지의 이력'을 확인함으로써 현재와 미래의 방재 또는 도시계획에 도움을 줄 수 있어야만 한다.

參考文獻

高麗大學校 韓國考古環境研究所編, 2005,『景觀의考古學』, 119쪽.

초하룡, 2006,『한국의지형발달과제4기환경변화』, 933쪽, 한울아카데미.

岡田篤正ほか, 1994,「梁山斷層(韓國東南部)中央部の活斷層地形とトレンチ調査」, 地學雜誌 103-2, 111~126쪽.

岡田篤正ほか, 1998,「蔚山斷層(韓國東南部)中央部の活斷層地形と層露頭」, 地學雜誌 107-5, 644~158쪽.

岡田篤正ほか, 1999,「韓國慶州市葛谷里における蔚山(活)斷層のトレンチ調査, 地學雜誌 108, 276~288쪽.

鈴木康弘ほか, 2005,「韓國南東部・蔚山斷層帶北部の古地震活動―慶州市葛谷里における第2トレンチ調査」, 活斷層研
　　　　　究 25, 147~152쪽.

高橋學. 2003,『平野の環境考古學』, 古今書院 314頁.

秋教昇ほか, 2005,「韓半島で發生した最大級の地震―1681年6月韓國東海岸地震―」, 歷史地震 20, 169~182쪽.

町田洋ほか, 1983,「韓半島と濟州道で見出された九州起源の廣域Tephra」, 地學雜誌 92, 409~415쪽.

李弘鍾・高橋學, 2006,『古地形및遺跡分布豫測調查報告書』, 11쪽, 付圖2幅, 韓國考古環境研究所.

Kyung et al. 1996 "Paleoseismological approach in the southeastern part of Korean Peninsla"1996 symposium
　　　　　on seismology in East Asia proceedings,Korea.

Inst. ,geol.mining & materials , pp38~47.

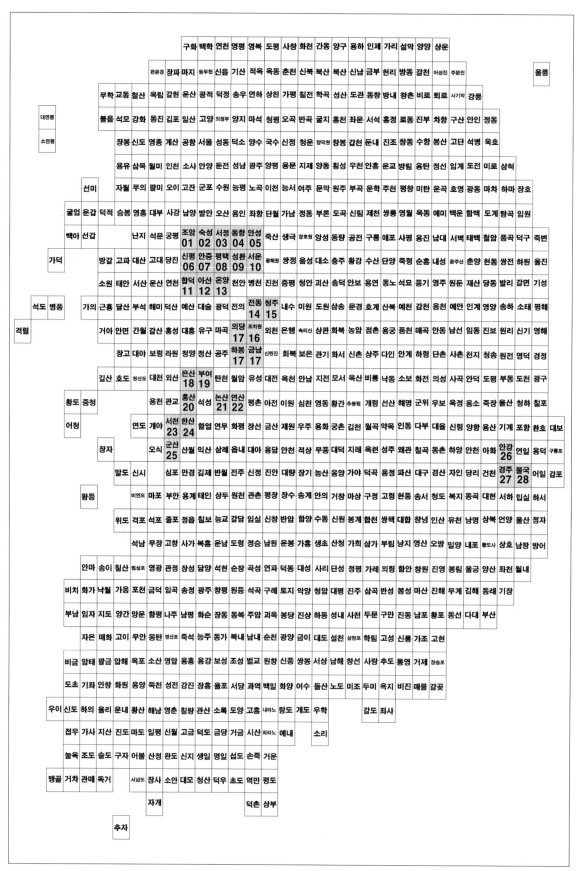

그림 4 _ 분석지역 현황

18

표 2_지형환경분석을 통한 지역별 고지형 환경 및 조사방법

도엽명칭	하천변 평야지역의 고지형 환경조사방법					조사방법
	현재 하천명	단구	구하도	자연제방	배후습지	
조암(01)	남양호	X	X	X	X	C
숙성(02)	발안천 진위천	X	O	O	O	B
서정(03)	진위천	X	O	O	O	B
동항(04)	한천	X	O	O	O	B
안성(05)	안성천	O	O	X	O	A
신평(06)	아산만	X	X	X	X	C
안중(07)	아산만 도대천	O	O	X	O	B
평택(08)	진위천	X	O	O	O	B
성환(09)	안성천 청룡천	X	O	O	O	B
서운(10)	안성천	O	O	X	O	A
합덕(11)	삽교천	?	O	?	O	A
아산(12)	곡교천	X	O	X	O	B
온양(13)	곡교천	O	O	X	O	A
전동(14)	미호천	O	O	O	O	A
청주(15)	미호천	X	O	O	O	A
조치원(16)	미호천	O	O	O	O	A
의당(17)	금강	O	O	O	O	A
은산(18)	금강지류	X	O	X	X	C
부여(19)	금강	X	O	O	O	A
홍산(20)	금천	X	X	X	X	C
논산(21)	금강지류 노성천	X	O	O	O	B
연산(22)	논산천	O	O	O	O	A
서천(23)	금강	X	O	O	O	B
한산(24)	금강	X	O	O	O	B
군산(25)	황해	X	X	X	X	C
안강(26)	형산강	O	O	O	O	A
경주(27)	형산강 북천	O	O	O	O	A
불국(28)	남천	O	X	X	X	B

※ O : 존재함, X : 존재 안함, A : 전체 지역에 대한 시굴조사, B : 중요지점을 중심으로 시굴조사, C : 시굴 불필요

조암(01)

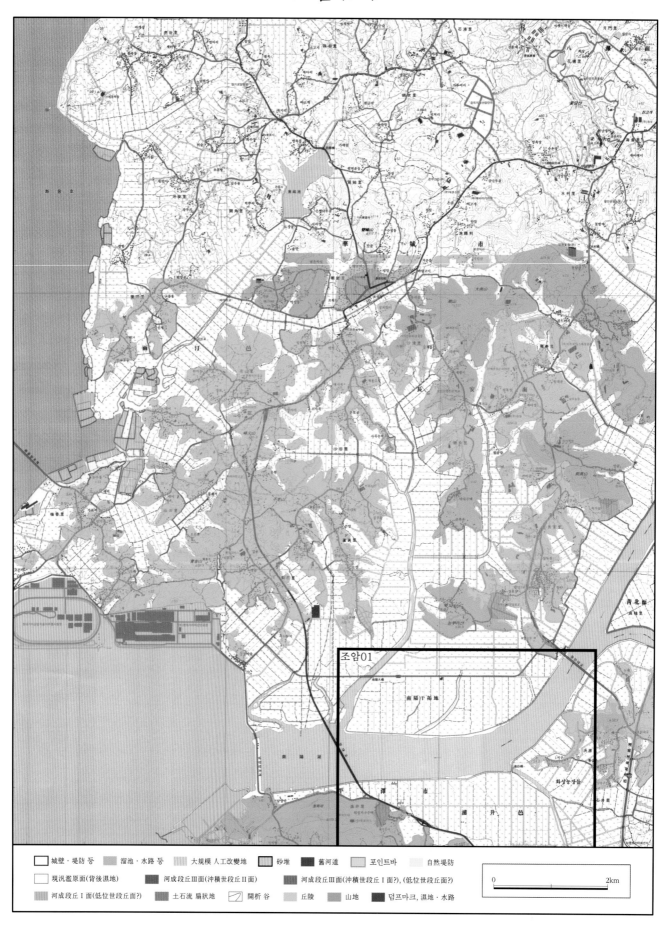

城壁·堤防 등　溜池·水路 등　大規模 人工改變地　砂堆　舊河道　포인트바　自然堤防

現汎濫原面(背後濕地)　河成段丘Ⅲ面(沖積世段丘Ⅱ面)　河成段丘Ⅲ面(沖積世段丘Ⅰ面?), (低位世段丘面?)

河成段丘Ⅰ面(低位世段丘面?)　土石流 扇狀地　開析 谷　丘陵　山地　덤프마크,濕地·水路

0　　　　　　　　　2km

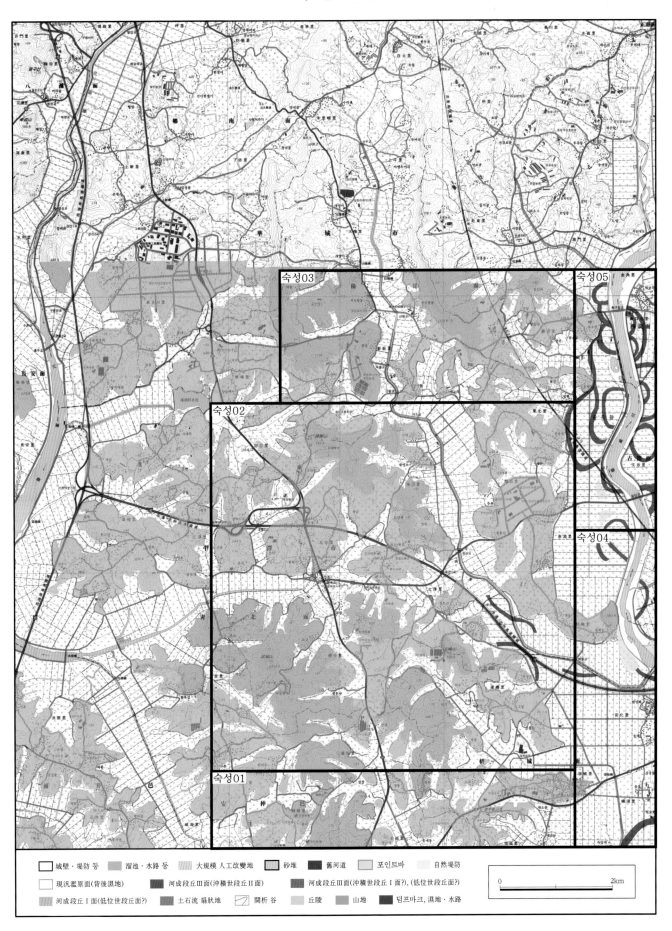

숙성03

숙성05

숙성02

숙성04

숙성01

城壁·堤防 등	溜池·水路 등	大規模 人工改變地	砂堆	舊河道	포인트바	自然堤防
現汎濫原面(背後濕地)	河成段丘Ⅲ面(沖積世段丘Ⅱ面)	河成段丘Ⅲ面(沖積世段丘Ⅰ面?), (低位世段丘面?)			
河成段丘Ⅰ面(低位世段丘面?)	土石流 扇狀地	開析 谷	丘陵	山地	덤프마크, 濕地·水路

0   2km

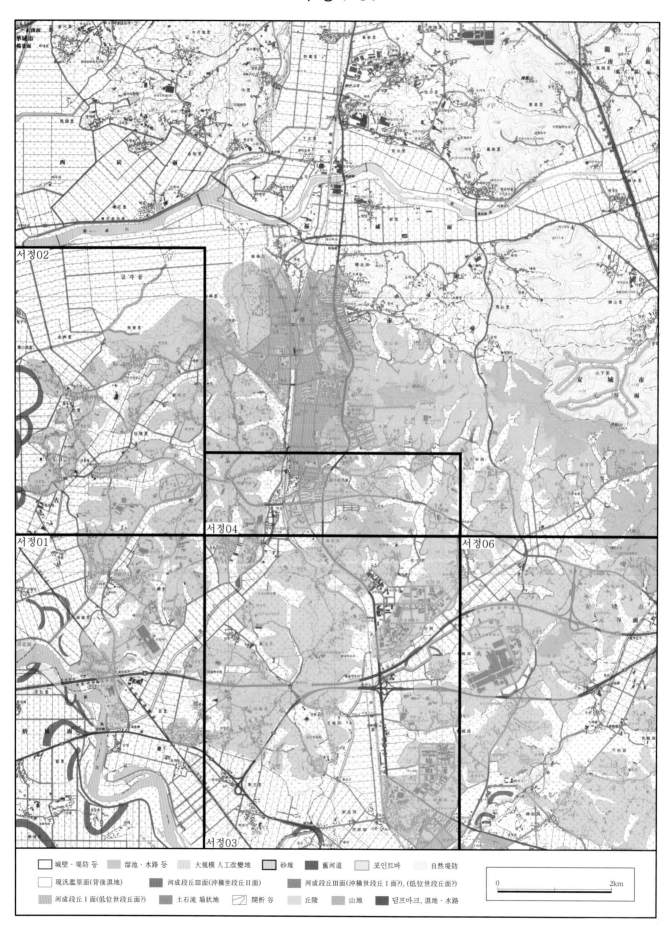

동항(04)

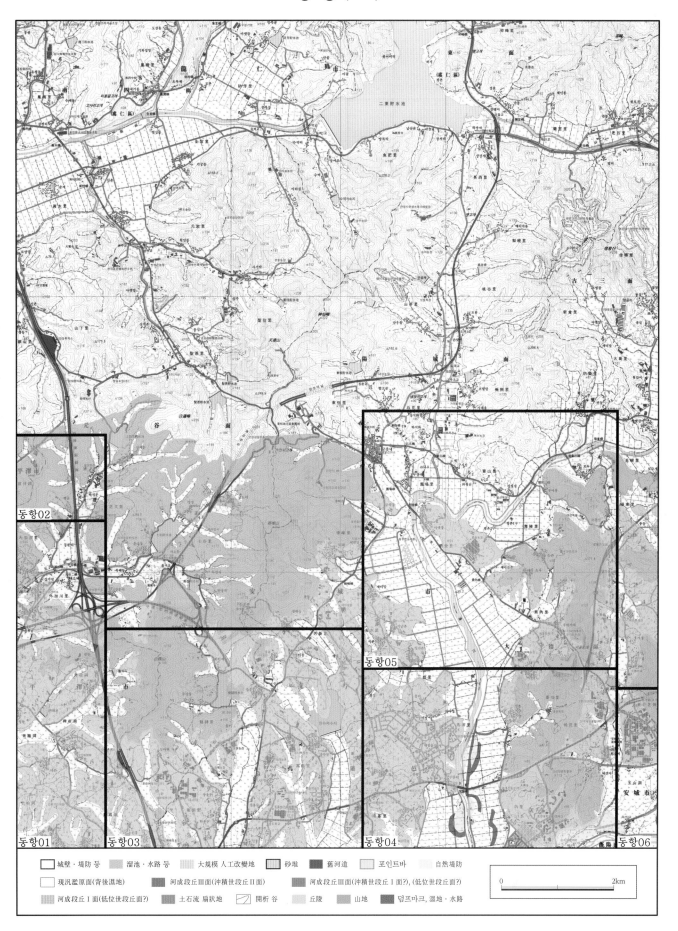

凡例		
城壁・堤防 등	溜池・水路 등	大規模 人工改變地
砂堆	舊河道	포인트바
自然堤防		
現況濫原面(背後濕地)	河成段丘Ⅲ面(沖積世段丘Ⅱ面)	河成段丘Ⅲ面(沖積世段丘Ⅰ面?),(低位世段丘面?)
河成段丘Ⅰ面(低位世段丘面?)	土石流 扇狀地	開析 谷
丘陵	山地	덤프마크,濕地・水路

0   2km

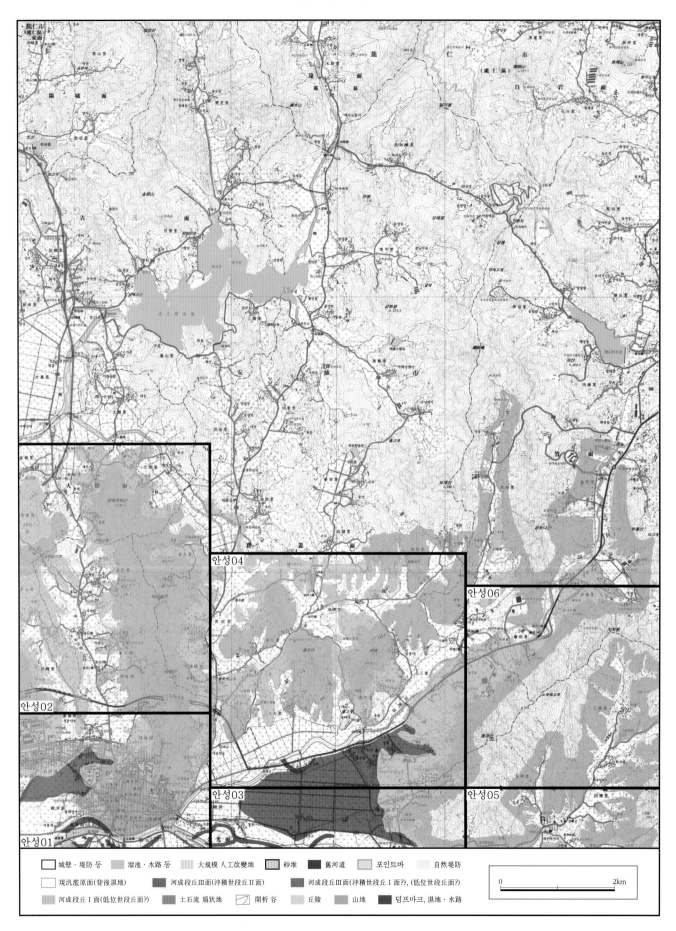

城壁·堤防 등　溜池·水路 등　大規模 人工改變地　砂堆　舊河道　포인트바　自然堤防

現況氾原面(背後濕地)　河成段丘Ⅲ面(沖積世段丘Ⅱ面)　河成段丘Ⅲ面(沖積世段丘Ⅰ面?), (低位世段丘面?)

河成段丘Ⅰ面(低位世段丘面?)　土石流 扇狀地　開析 谷　丘陵　山地　덤프마크, 濕地·水路

0　　　　　　　　　2km

신평(06)

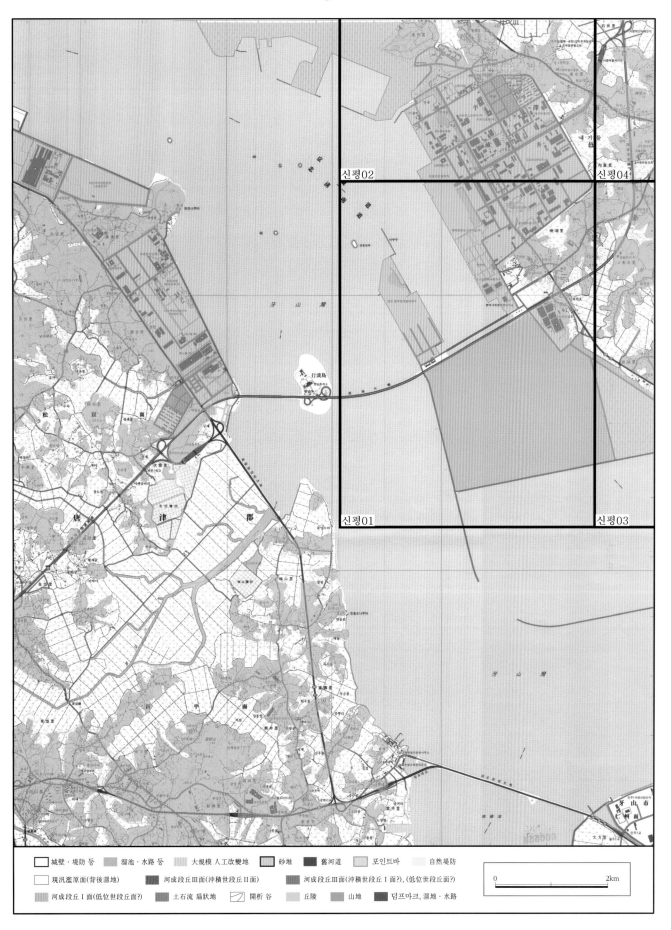

신평02

신평04

신평01

신평03

	城壁・堤防 등		溜池・水路 등		大規模 人工改變地		砂堆		舊河道		포인트바		自然堤防
	現況氾濫原面(背後濕地)		河成段丘Ⅲ面(沖積世段丘Ⅱ面)		河成段丘Ⅲ面(沖積世段丘Ⅰ面?), (低位世段丘面?)									
	河成段丘Ⅰ面(低位世段丘面?)		土石流 扇狀地		開析 谷		丘陵		山地		덤프마크, 濕地・水路		

0   2km

25

안중(07)

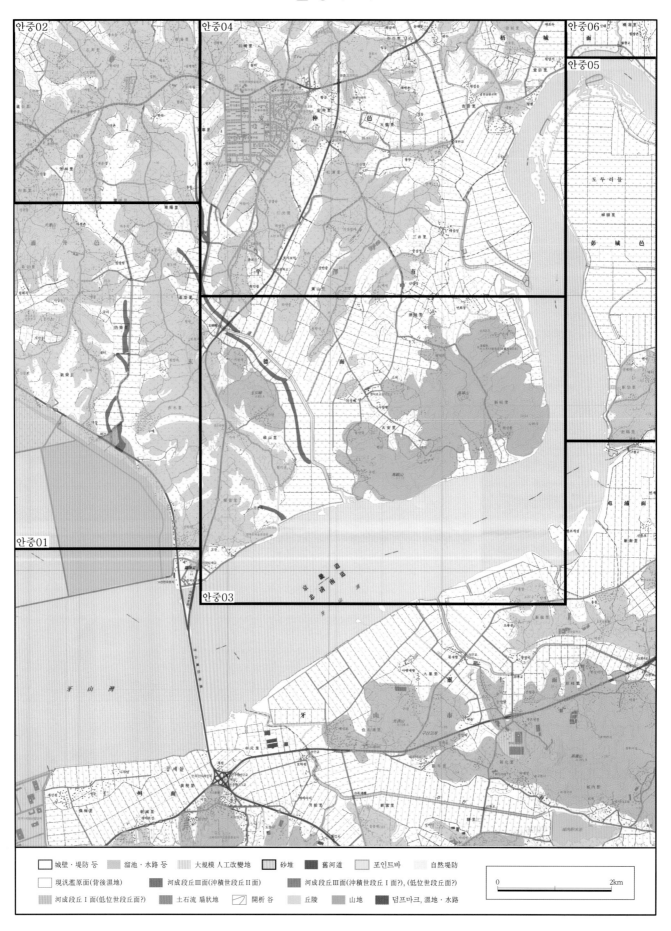

城壁·堤防 등　溜池·水路 등　大規模 人工改變地　砂堆　舊河道　포인트바　自然堤防

現汎濫原面(背後濕地)　河成段丘Ⅲ面(沖積世段丘Ⅱ面)　河成段丘Ⅲ面(沖積世段丘Ⅰ面?), (低位世段丘面?)

河成段丘Ⅰ面(低位世段丘面?)　土石流 扇狀地　開析 谷　丘陵　山地　덤프마크, 濕地·水路

0　　　　　2km

평택(08)

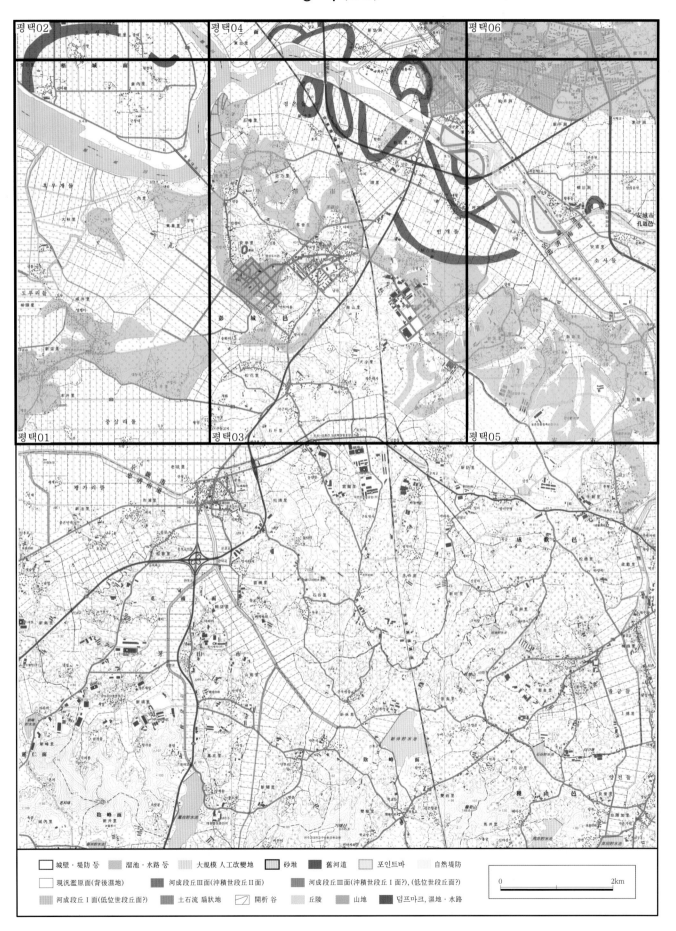

Legend:
城壁·堤防 등 | 溜池·水路 등 | 大規模 人工改變地 | 砂堆 | 舊河道 | 포인트바 | 自然堤防
現汎濫原面(背後濕地) | 河成段丘Ⅲ面(沖積世段丘Ⅱ面) | 河成段丘Ⅲ面(沖積世段丘Ⅰ面?), (低位世段丘面?)
河成段丘Ⅰ面(低位世段丘面?) | 土石流 扇狀地 | 開析谷 | 丘陵 | 山地 | 덤프마크, 濕地·水路

0 _____ 2km

27

성환(09)

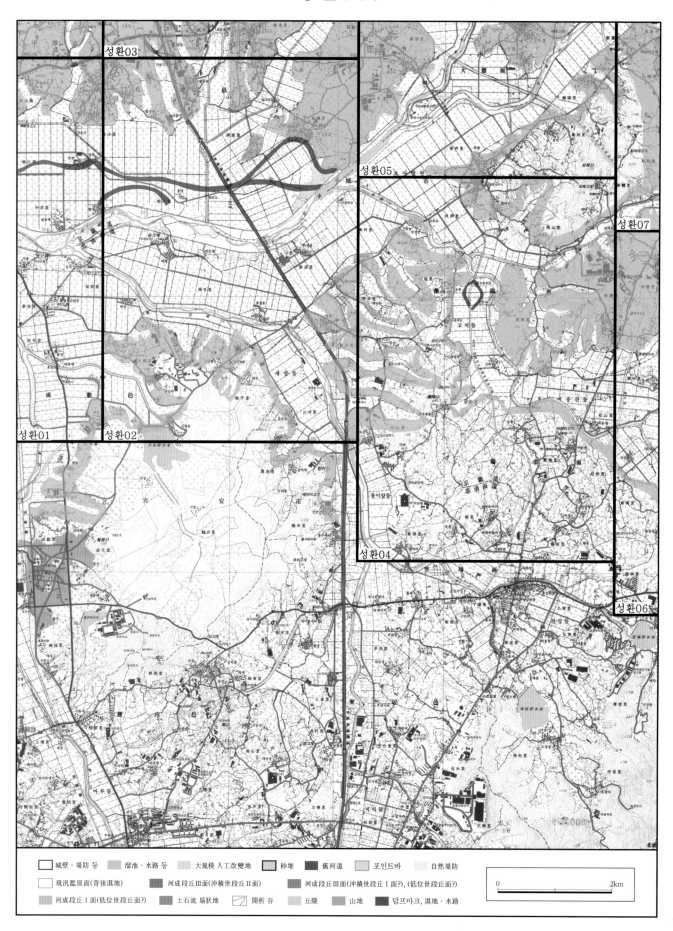

서운(10)

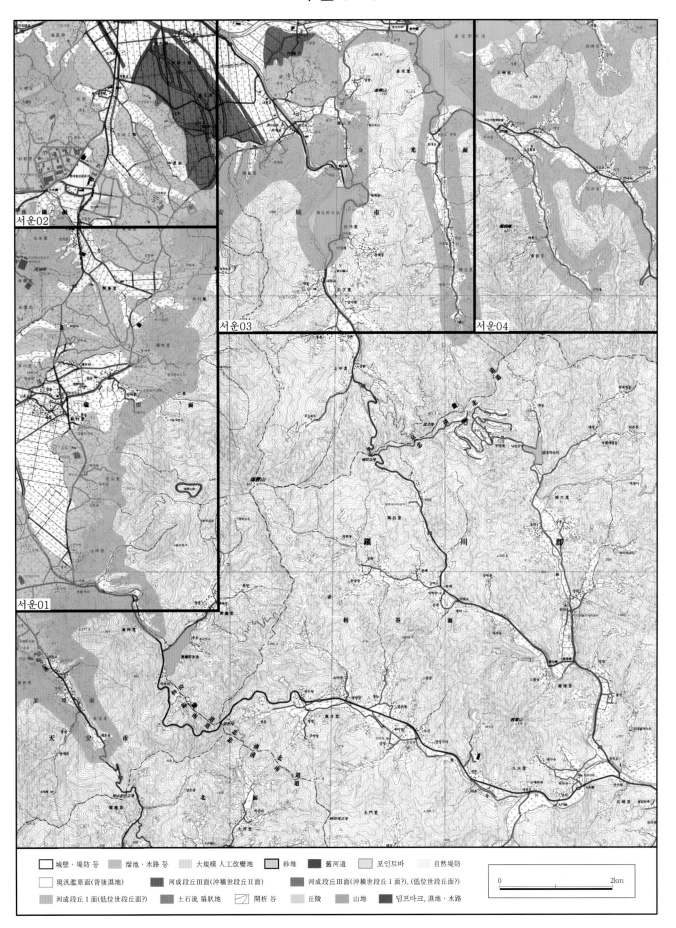

城壁・堤防 등　溜池・水路 등　大規模 人工改變地　砂堆　舊河道　포인트바　自然堤防

現況濫原面(背後濕地)　河成段丘Ⅲ面(沖積世段丘Ⅱ面)　河成段丘Ⅲ面(沖積世段丘Ⅰ面?), (低位世段丘面?)

河成段丘Ⅰ面(低位世段丘面?)　土石流 扇狀地　開析 谷　丘陵　山地　덤프마크, 濕地・水路

0　　　　　2km

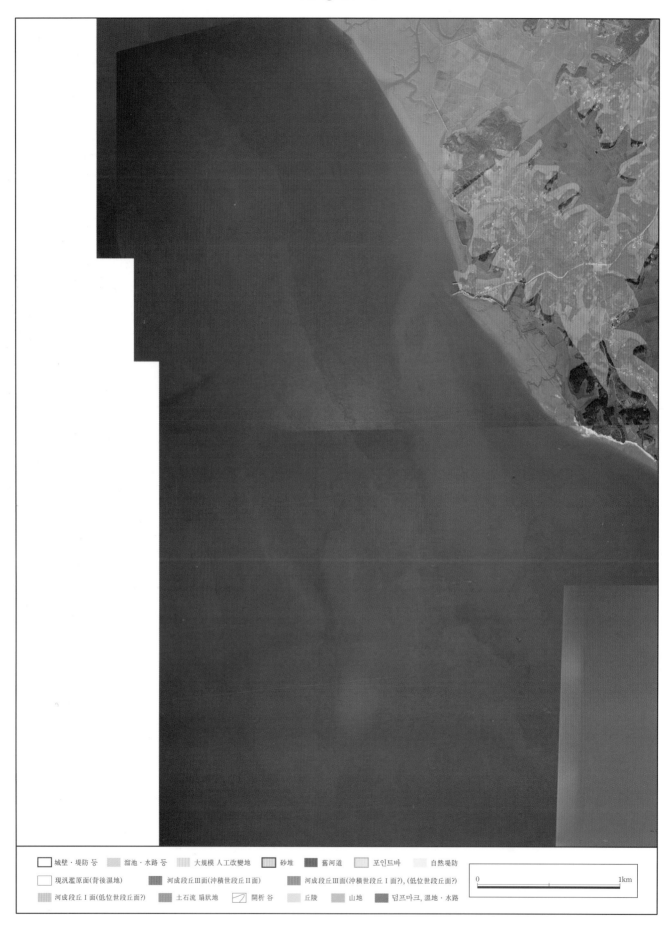

城壁・堤防 등　溜池・水路 등　大規模 人工改變地　砂堆　舊河道　포인트바　自然堤防

現汎濫原面(背後濕地)　河成段丘Ⅲ面(沖積世段丘Ⅱ面)　河成段丘Ⅲ面(沖積世段丘Ⅰ面?), (低位世段丘面?)

河成段丘Ⅰ面(低位世段丘面?)　土石流 扇狀地　開析 谷　丘陵　山地　덤프마크, 濕地・水路

0　1km

城壁・堤防 등　　溜池・水路 등　　大規模人工改變地　　砂堆　　舊河道　　포인트바　　自然堤防

現汎濫原面(背後濕地)　　河成段丘Ⅲ面(沖積世段丘Ⅱ面)　　河成段丘Ⅲ面(沖積世段丘Ⅰ面?), (低位世段丘面?)

河成段丘Ⅰ面(低位世段丘面?)　　土石流 扇狀地　　開析 谷　　丘陵　　山地　　덤프마크,濕地・水路

0　　　　　　　　1km

신평(03), 안중(01)

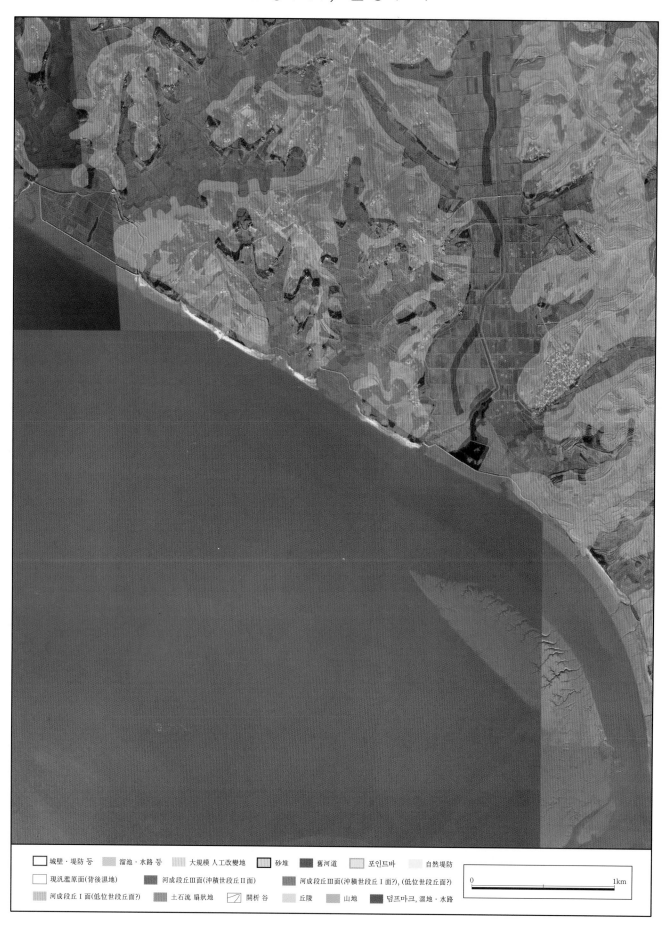

城壁・堤防 등　溜池・水路 등　大規模 人工改變地　砂堆　舊河道　포인트바　自然堤防

現汎濫原面(背後濕地)　河成段丘III面(沖積世段丘II面)　河成段丘III面(沖積世段丘I面?), (低位世段丘面?)

河成段丘I面(低位世段丘面?)　土石流 扇狀地　開析谷　丘陵　山地　덤프마크, 濕地・水路

0　　　　　　　　　1km

신평(04), 안중(02)

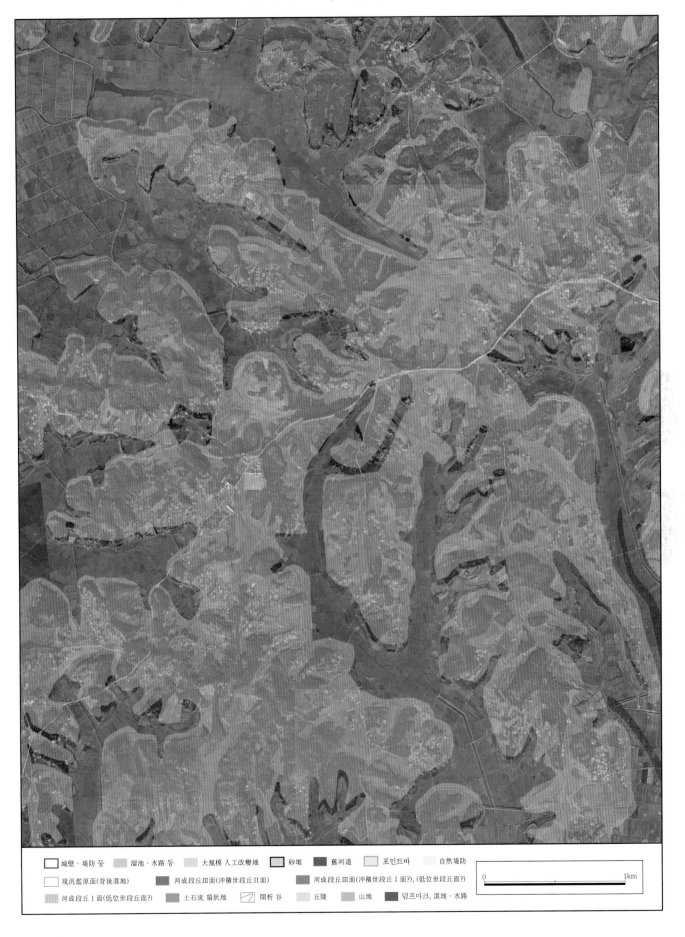

城壁·堤防 등 | 溜池·水路 등 | 大規模 人工改變地 | 砂堆 | 舊河道 | 포인트바 | 自然堤防
現況濫原面(背後濕地) | 河成段丘Ⅲ面(沖積世段丘Ⅱ面) | 河成段丘Ⅲ面(沖積世段丘Ⅰ面?), (低位世段丘面?)
河成段丘Ⅰ面(低位世段丘面?) | 土石流 扇狀地 | 開析谷 | 丘陵 | 山地 | 덤프마크, 濕地·水路

0 _____ 1km

안중(03)

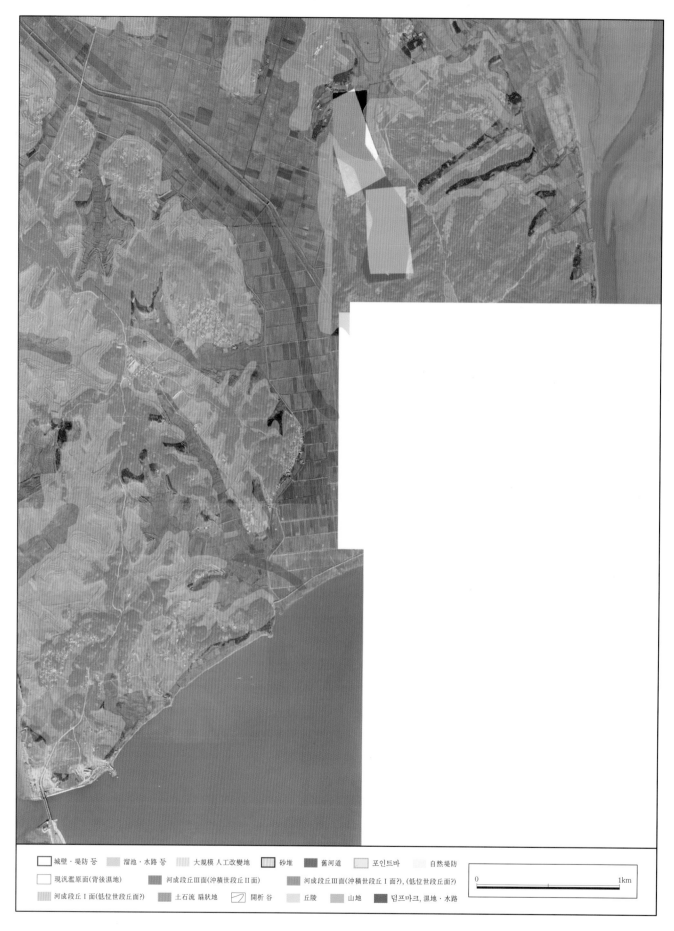

城壁·堤防 등　溜池·水路 등　大規模 人工改變地　砂堆　舊河道　포인트바　自然堤防

現汎濫原面(背後濕地)　河成段丘Ⅲ面(沖積世段丘Ⅱ面)　河成段丘Ⅲ面(沖積世段丘Ⅰ面?), (低位世段丘面?)

河成段丘Ⅰ面(低位世段丘面?)　土石流 扇狀地　開析 谷　丘陵　山地　덤프마크, 濕地·水路

0　　　　　　　　　　1km

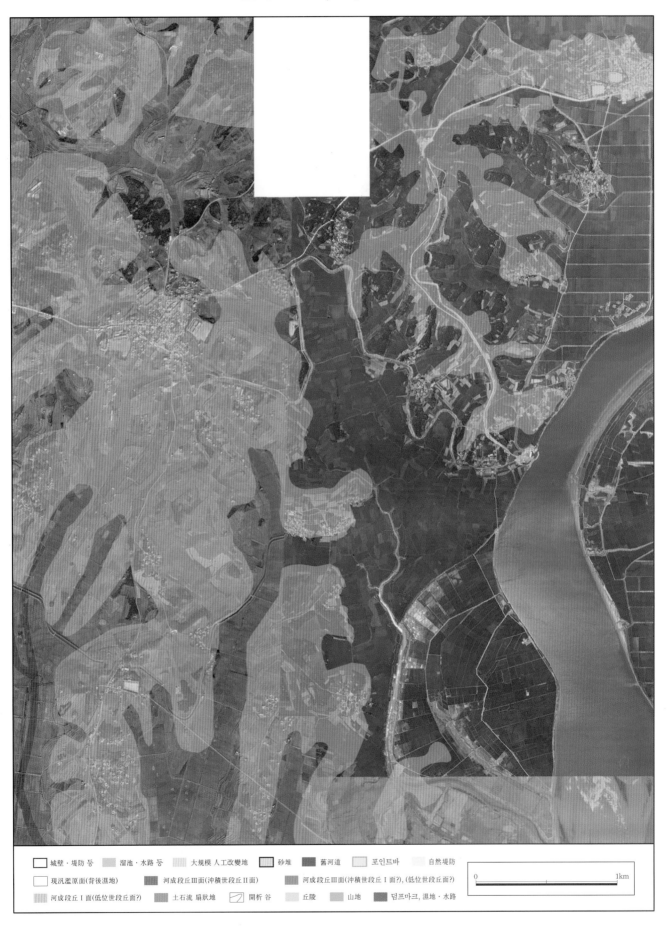

숙성(02)

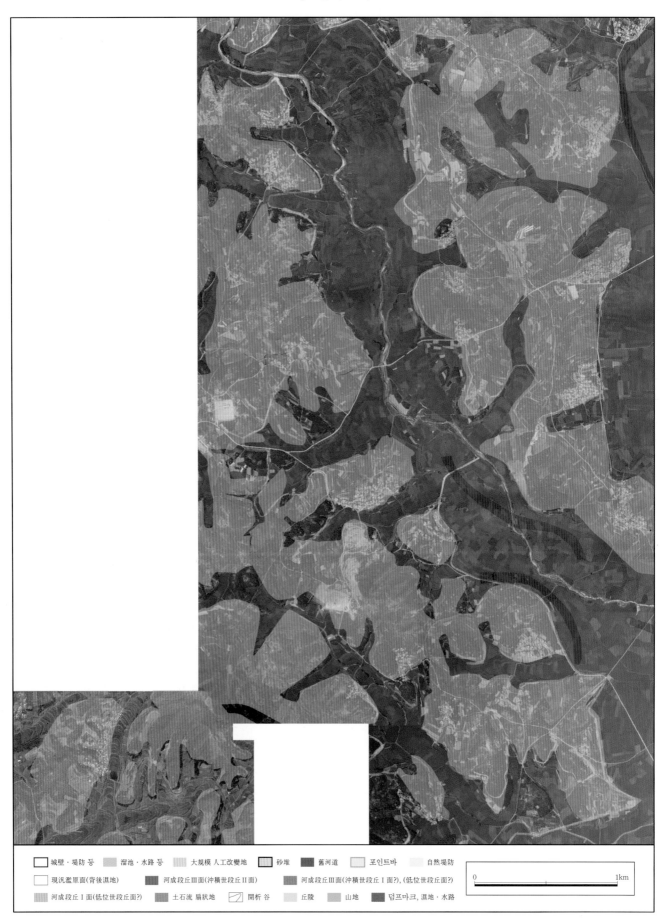

城壁·堤防 등　溜池·水路 등　大規模 人工改變地　砂堆　舊河道　포인트바　自然堤防

現汎濫原面(背後濕地)　河成段丘Ⅲ面(沖積世段丘Ⅱ面)　河成段丘Ⅲ面(沖積世段丘Ⅰ面?), (低位世段丘面?)

河成段丘Ⅰ面(低位世段丘面?)　土石流 扇狀地　開析谷　丘陵　山地　덤프마크, 濕地·水路

0　　　　　　　　　　　　　　　1km

숙성(03)

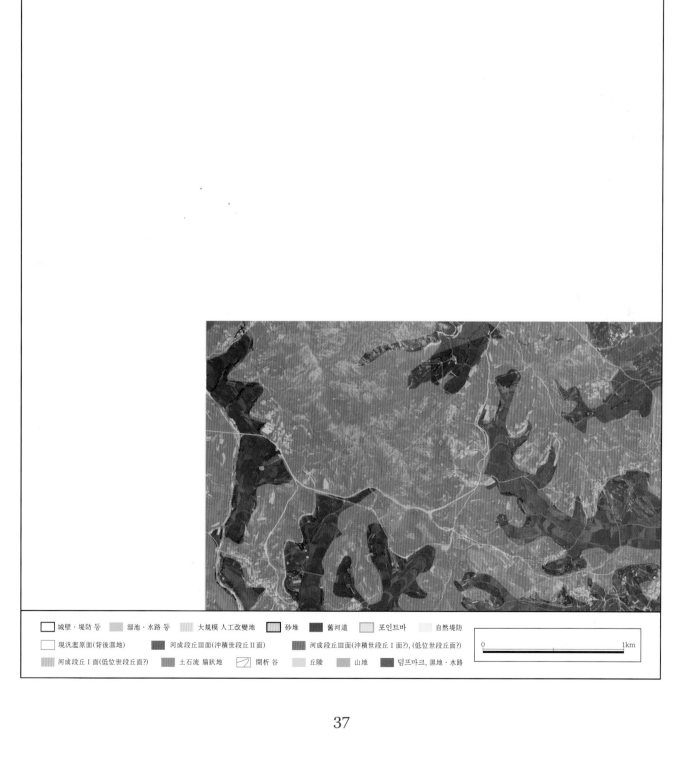

안중(05), 평택(01)

城壁・堤防 등　溜池・水路 등　大規模 人工改變地　砂堆　舊河道　포인트바　自然堤防

現汎濫原面(背後濕地)　河成段丘III面(沖積世段丘II面)　河成段丘III面(沖積世段丘I面?), (低位世段丘面?)

河成段丘I面(低位世段丘面?)　土石流 扇狀地　開析 谷　丘陵　山地　덤프마크, 濕地・水路

0　　　　　　　1km

안중(06), 숙성(04), 평택(02), 서정(01)

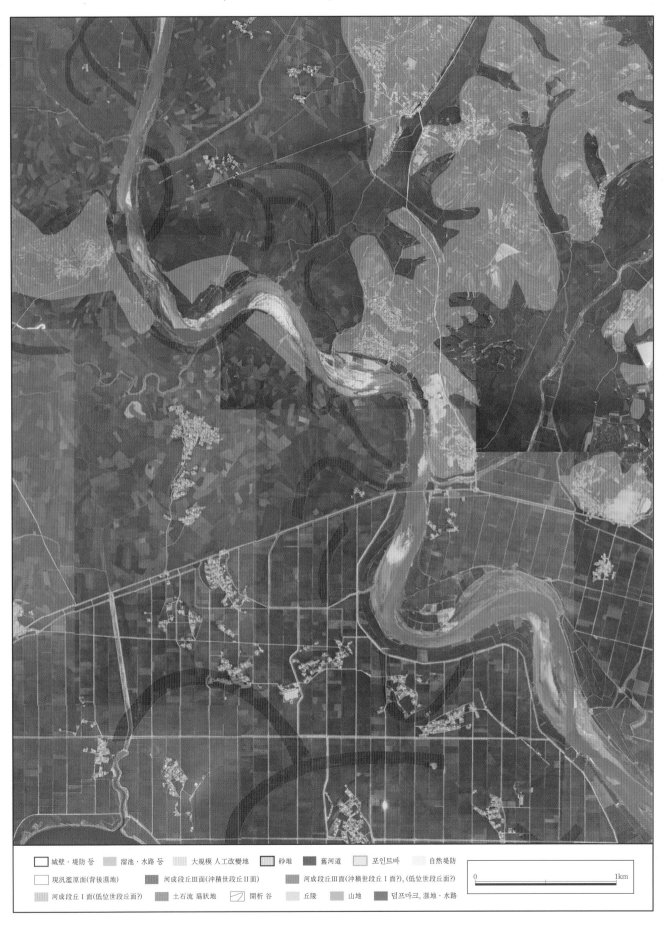

城壁·堤防 등　溜池·水路 등　大規模 人工改變地　砂堆　舊河道　포인트바　自然堤防

現汎濫原面(背後濕地)　河成段丘Ⅲ面(沖積世段丘Ⅱ面)　河成段丘Ⅲ面(沖積世段丘Ⅰ面?), (低位世段丘面?)

河成段丘Ⅰ面(低位世段丘面?)　土石流 扇狀地　開析 谷　丘陵　山地　덤프마크, 濕地·水路

0　　　　　　　1km

39

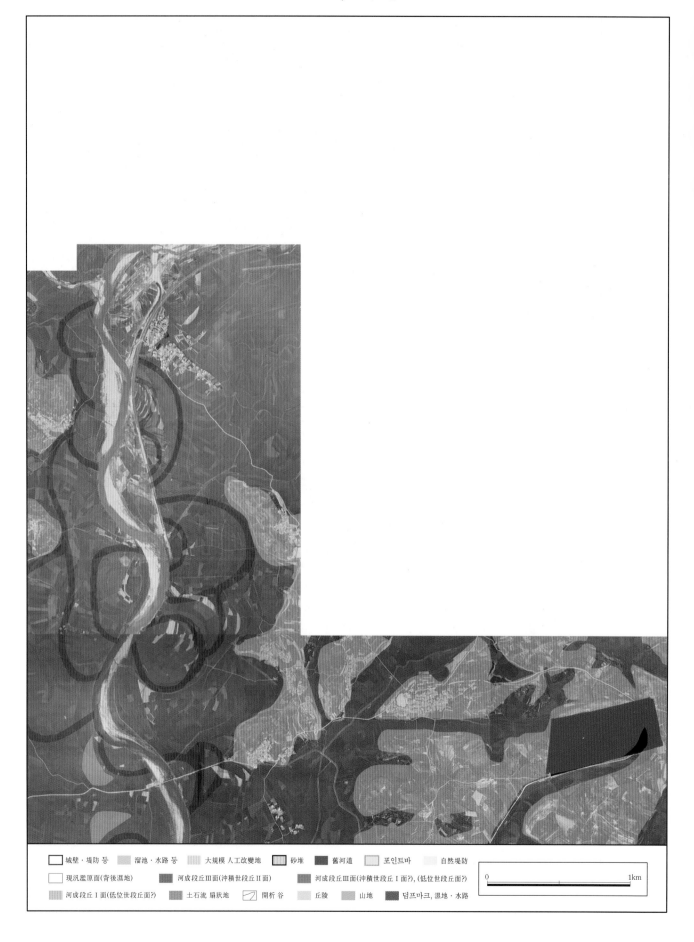

城壁・堤防 등　溜池・水路 등　大規模 人工改變地　砂堆　舊河道　포인트바　自然堤防
現汎濫原面(背後濕地)　河成段丘Ⅲ面(沖積世段丘Ⅱ面)　河成段丘Ⅲ面(沖積世段丘Ⅰ面?), (低位世段丘面?)
河成段丘Ⅰ面(低位世段丘面?)　土石流 扇狀地　開析 谷　丘陵　山地　덤프마크,濕地・水路

0　　　　　　　　　　　1km

평택(03)

城壁・堤防 등　溜池・水路 등　大規模 人工改變地　砂堆　舊河道　포인트바　自然堤防
現汎濫原面(背後濕地)　河成段丘Ⅲ面(沖積世段丘Ⅱ面)　河成段丘Ⅲ面(沖積世段丘Ⅰ面?), (低位世段丘面?)
河成段丘Ⅰ面(低位世段丘面?)　土石流 扇狀地　開析 谷　丘陵　山地　덤프마크, 濕地・水路

0　　　　　　　　　　1km

평택(04), 서정(03)

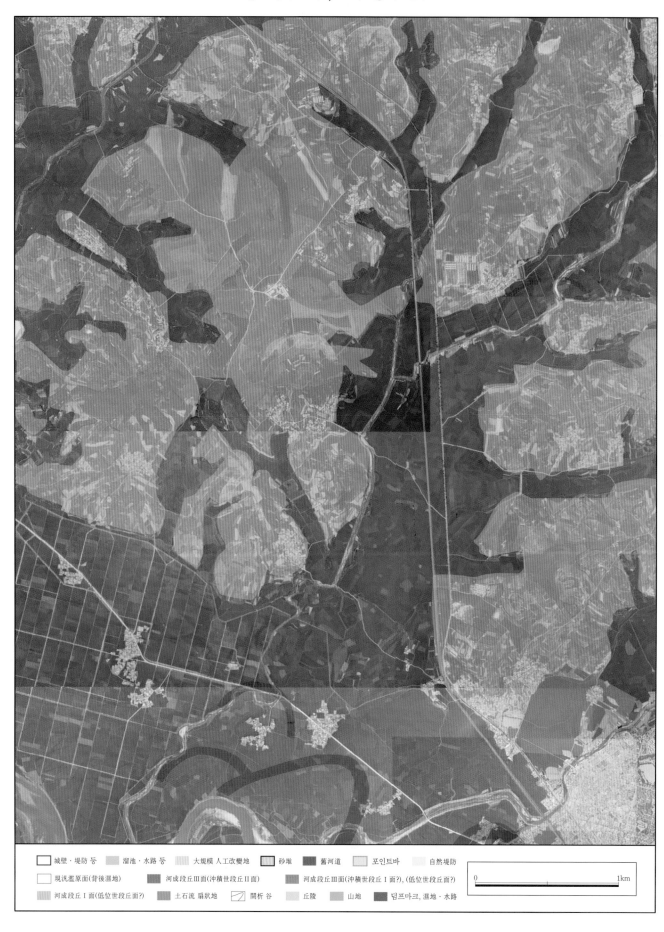

城壁・堤防 등　　溜池・水路 등　　大規模 人工改變地　　砂堆　　舊河道　　포인트바　　自然堤防

現汎濫原面(背後濕地)　　河成段丘Ⅲ面(沖積世段丘Ⅱ面)　　河成段丘Ⅲ面(沖積世段丘Ⅰ面?), (低位世段丘面?)

河成段丘Ⅰ面(低位世段丘面?)　　土石流 扇狀地　　開析 谷　　丘陵　　山地　　덤프마크, 濕地・水路

0　　　　　　　　　　　　　　　　　　　　　　1km

서정(04)

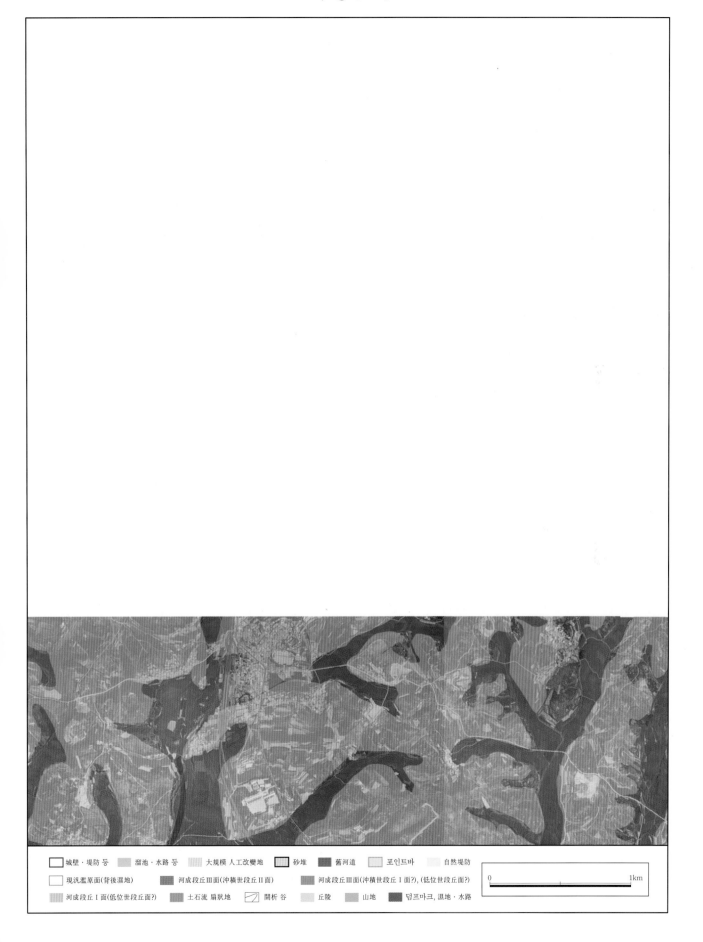

城壁・堤防 등　溜池・水路 등　大規模人工改變地　砂堆　舊河道　포인트바　自然堤防

現汎濫原面(背後濕地)　河成段丘Ⅲ面(沖積世段丘Ⅱ面)　河成段丘Ⅲ面(沖積世段丘Ⅰ面?), (低位世段丘面?)

河成段丘Ⅰ面(低位世段丘面?)　土石流扇狀地　開析谷　丘陵　山地　덤프마크, 濕地・水路

0　　　　　　　　　　1km

평택(05), 성환(01)

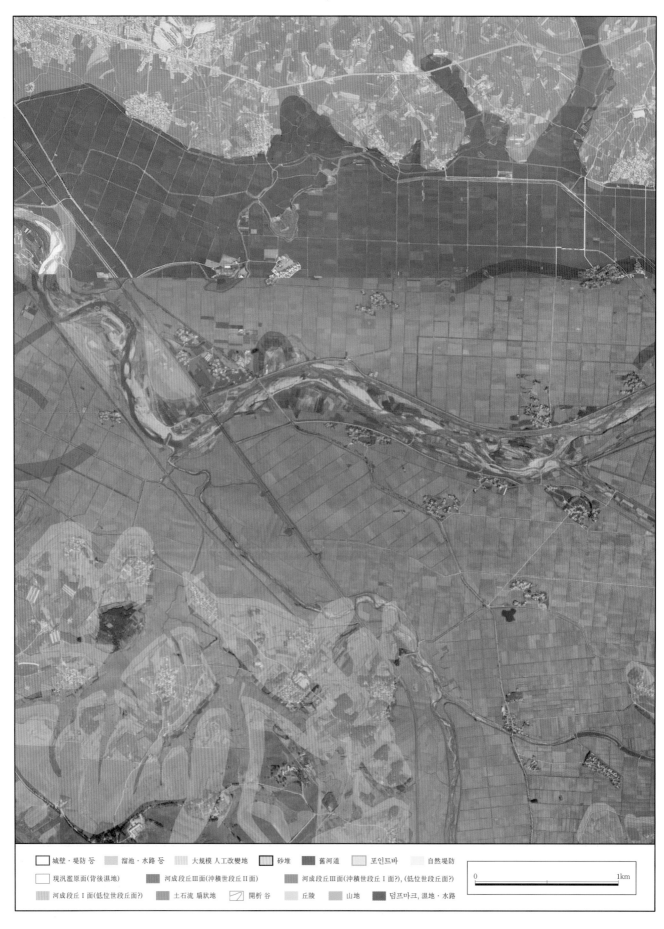

城壁・堤防 등 溜池・水路 등 大規模 人工改變地 砂堆 舊河道 포인트바 自然堤防
現汎濫原面(背後濕地) 河成段丘Ⅲ面(沖積世段丘Ⅱ面) 河成段丘Ⅲ面(沖積世段丘Ⅰ面?), (低位世段丘面?)
河成段丘Ⅰ面(低位世段丘面?) 土石流 扇狀地 開析谷 丘陵 山地 덤프마크, 濕地・水路

0   1km

평택(06), 서정(05), 동항(01)

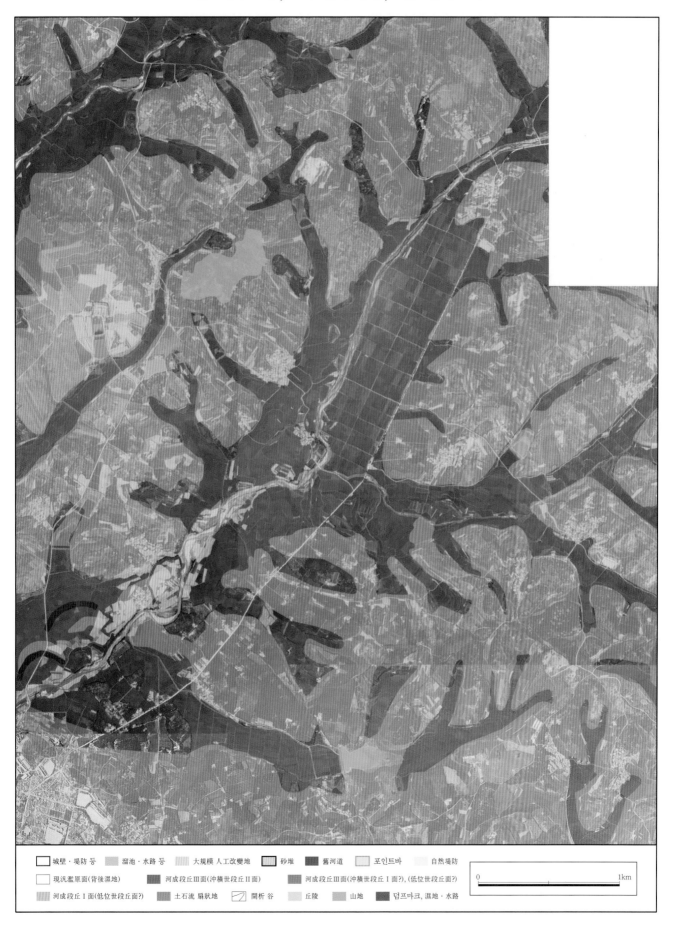

城壁・堤防 등   溜池・水路 등   大規模 人工改變地   砂堆   舊河道   포인트바   自然堤防

現汎濫原面(背後濕地)   河成段丘Ⅲ面(沖積世段丘Ⅱ面)   河成段丘Ⅲ面(沖積世段丘Ⅰ面?), (低位世段丘面?)   0 _____ 1km

河成段丘Ⅰ面(低位世段丘面?)   土石流 扇狀地   開析谷   丘陵   山地   덤프마크,濕地・水路

城壁・堤防 등　溜池・水路 등　大規模 人工改變地　砂堆　舊河道　포인트바　自然堤防
現汎濫原面(背後濕地)　河成段丘Ⅲ面(沖積世段丘Ⅱ面)　河成段丘Ⅲ面(沖積世段丘Ⅰ面?), (低位世段丘面?)
河成段丘Ⅰ面(低位世段丘面?)　土石流 扇狀地　開析 谷　丘陵　山地　덤프마크, 濕地・水路

0　　　　　　　1km

성환(02)

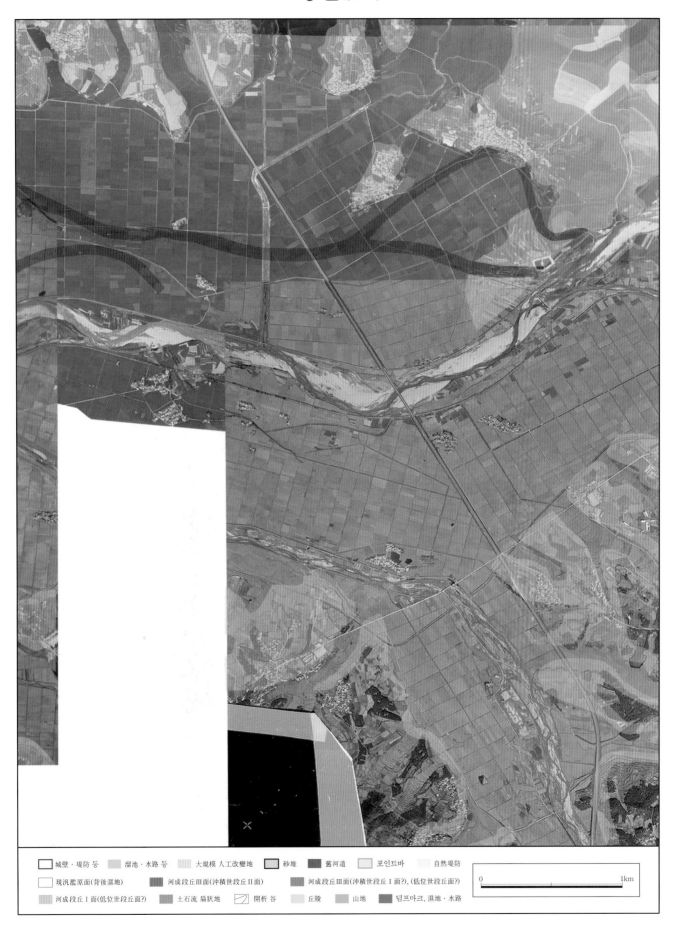

城壁・堤防 등　溜池・水路 등　大規模 人工改變地　砂堆　舊河道　포인트바　自然堤防

現汎濫原面(背後濕地)　河成段丘III面(沖積世段丘II面)　河成段丘III面(沖積世段丘I面?), (低位世段丘面?)

河成段丘I面(低位世段丘面?)　土石流 扇狀地　開析 谷　丘陵　山地　덤프마크, 濕地・水路

0　　　　1km

성환(03), 동항(03)

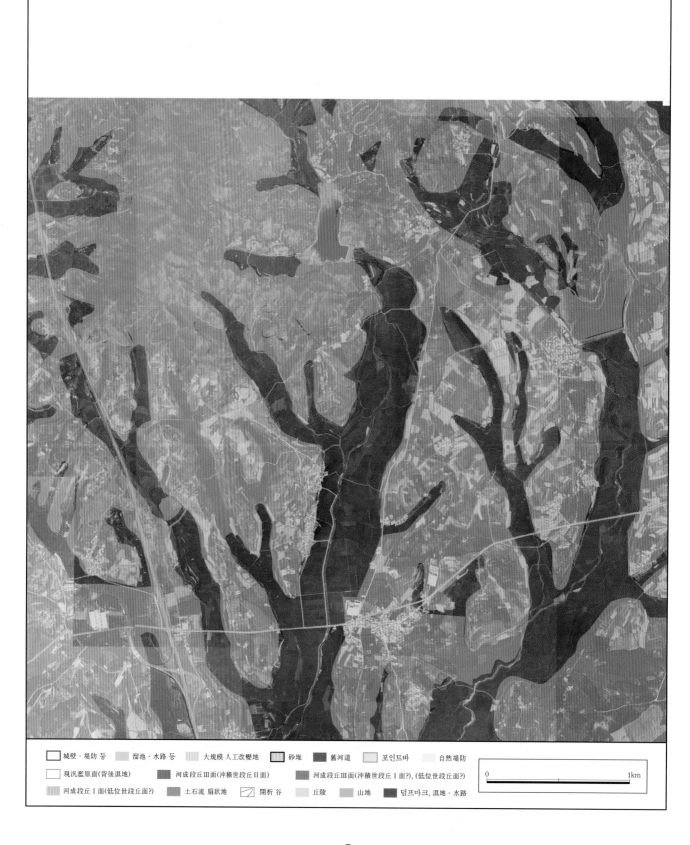

城壁・堤防 등　　溜池・水路 등　　大規模人工改變地　　砂堆　　舊河道　　포인트바　　自然堤防

現汎濫原面(背後濕地)　　河成段丘Ⅲ面(沖積世段丘Ⅱ面)　　河成段丘Ⅲ面(沖積世段丘Ⅰ面), (低位世段丘面?)

河成段丘Ⅰ面(低位世段丘面?)　　土石流扇狀地　　開析谷　　丘陵　　山地　　덤프마크, 濕地・水路

0　　　　　　　　　　1km

성환(04)

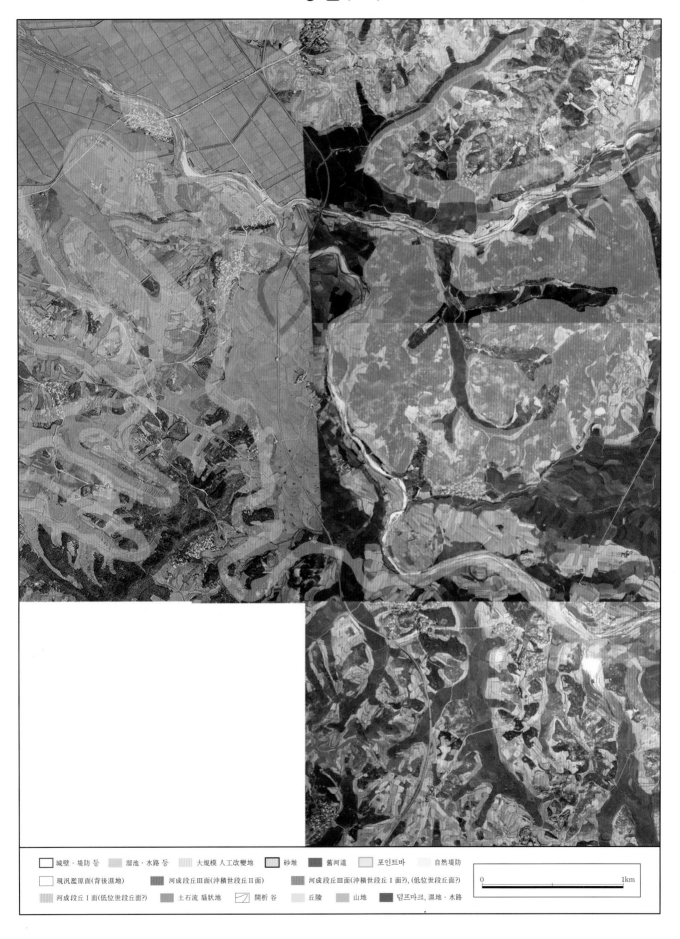

城壁・堤防 등　　溜池・水路 등　　大規模 人工改變地　　砂堆　　舊河道　　포인트바　　自然堤防

現汎濫原面(背後濕地)　　河成段丘Ⅲ面(沖積世段丘Ⅱ面)　　河成段丘Ⅲ面(沖積世段丘Ⅰ面?), (低位世段丘面?)

河成段丘Ⅰ面(低位世段丘面?)　　土石流 扇狀地　　開析 谷　　丘陵　　山地　　덤프마크,濕地・水路

0　　　　　　　　　　　　　　　　1km

城壁·堤防 등　溜池·水路 등　大規模 人工改變地　砂堆　舊河道　포인트바　自然堤防
現汎濫原面(背後濕地)　河成段丘Ⅲ面(沖積世段丘Ⅱ面)　河成段丘Ⅲ面(沖積世段丘Ⅰ面?), (低位世段丘面?)
河成段丘Ⅰ面(低位世段丘面?)　土石流 扇狀地　開析谷　丘陵　山地　덤프마크, 濕地·水路

0　　　　　　　1km

동항(05)

城壁・堤防 등　溜池・水路 등　大規模 人工改變地　砂堆　舊河道　포인트바　自然堤防

現汎濫原面(背後濕地)　河成段丘Ⅲ面(沖積世段丘Ⅱ面)　河成段丘Ⅲ面(沖積世段丘Ⅰ面?),(低位世段丘面?)

河成段丘Ⅰ面(低位世段丘面?)　土石流 扇狀地　開析 谷　丘陵　山地　덤프마크,濕地・水路

0　　　　　　　　　1km

51

성환(06), 서운(01)

城壁・堤防 등　　溜池・水路 등　　大規模 人工改變地　　砂堆　　舊河道　　포인트바　　自然堤防

現汎濫原面(背後濕地)　　河成段丘Ⅲ面(沖積世段丘Ⅱ面)　　河成段丘Ⅲ面(沖積世段丘Ⅰ面?), (低位世段丘面?)

河成段丘Ⅰ面(低位世段丘面?)　　土石流 扇狀地　　開析谷　　丘陵　　山地　　덤프마크, 濕地・水路

0　　　　　　　　　　　　　　　　　1km

성환(07), 동항(06), 서운(02), 안성(01)

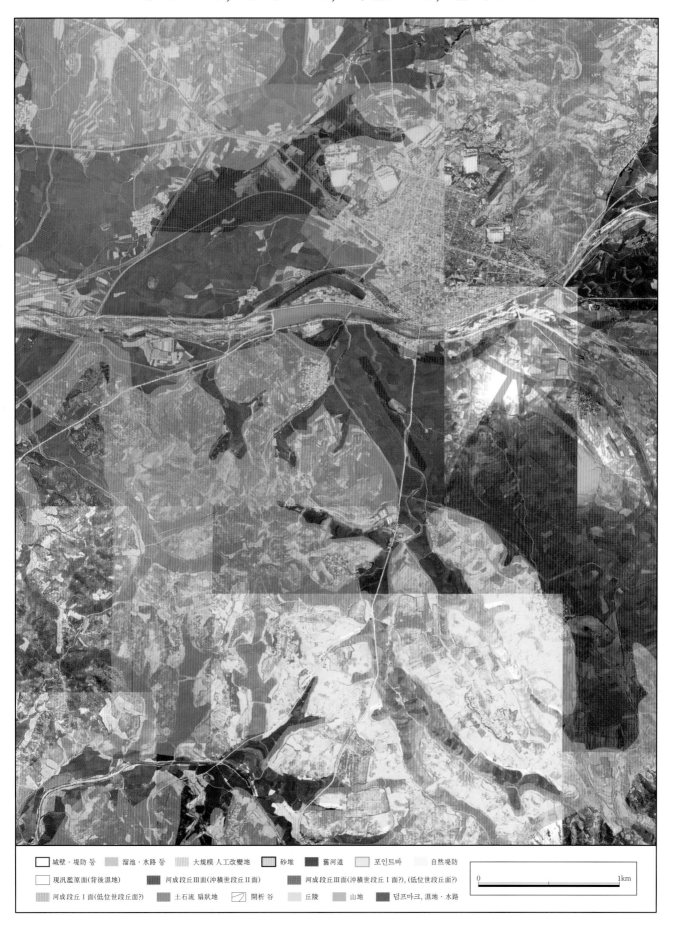

城壁・堤防 등　溜池・水路 등　大規模 人工改變地　砂堆　舊河道　포인트바　自然堤防

現汎濫原面(背後濕地)　河成段丘Ⅲ面(沖積世段丘Ⅱ面)　河成段丘Ⅲ面(沖積世段丘Ⅰ面?), (低位世段丘面?)

河成段丘Ⅰ面(低位世段丘面?)　土石流 扇狀地　開析 谷　丘陵　山地　덤프마크,濕地・水路

0　　　　　　　　　　1km

동항(07), 안성(02)

城壁 · 堤防 등　溜池 · 水路 등　大規模 人工改變地　砂堆　舊河道　포인트바　自然堤防

現汎濫原面(背後濕地)　河成段丘III面(沖積世段丘II面)　河成段丘III面(沖積世段丘I面?), (低位世段丘面?)

河成段丘I面(低位世段丘面?)　土石流 扇狀地　開析 谷　丘陵　山地　덤프마크,濕地 · 水路

0 1km

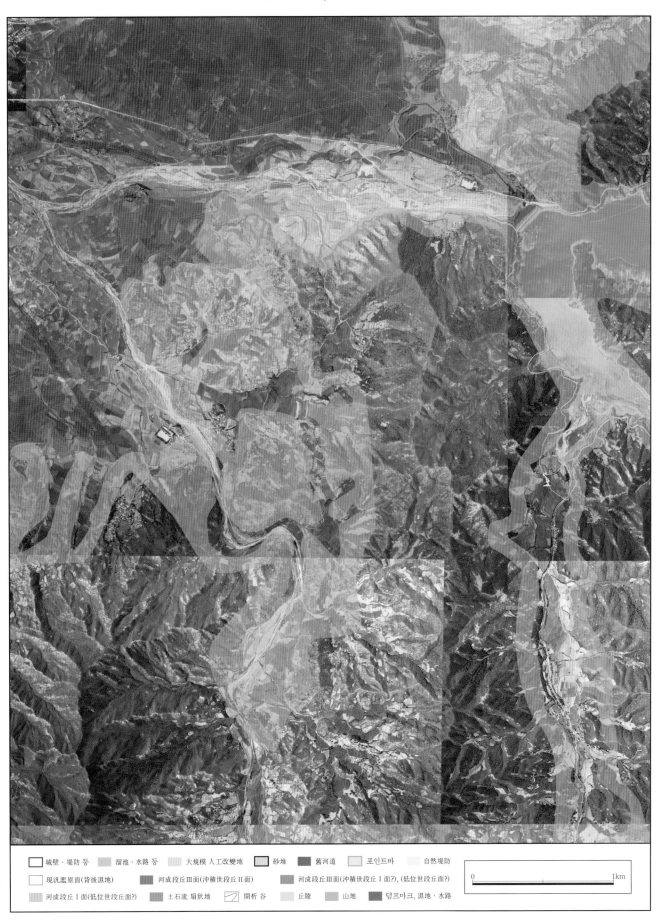

城壁・堤防 등　溜池・水路 등　大規模 人工改變地　砂堆　舊河道　포인트바　自然堤防

現汎濫原面(背後濕地)　河成段丘Ⅲ面(沖積世段丘Ⅱ面)　河成段丘Ⅲ面(沖積世段丘Ⅰ面?), (低位世段丘面?)

河成段丘Ⅰ面(低位世段丘面?)　土石流 扇狀地　開析 谷　丘陵　山地　덤프마크,濕地・水路

0 _____ 1km

城壁·堤防 등　溜池·水路 등　大規模 人工改變地　砂堆　舊河道　포인트바　自然堤防
現汎濫原面(背後濕地)　河成段丘Ⅲ面(沖積世段丘Ⅱ面)　河成段丘Ⅲ面(沖積世段丘Ⅰ面?), (低位世段丘面?)
河成段丘Ⅰ面(低位世段丘面?)　土石流 扇狀地　開析 谷　丘陵　山地　덤프마크, 濕地·水路

0　　　　　　　　　　　　　1km

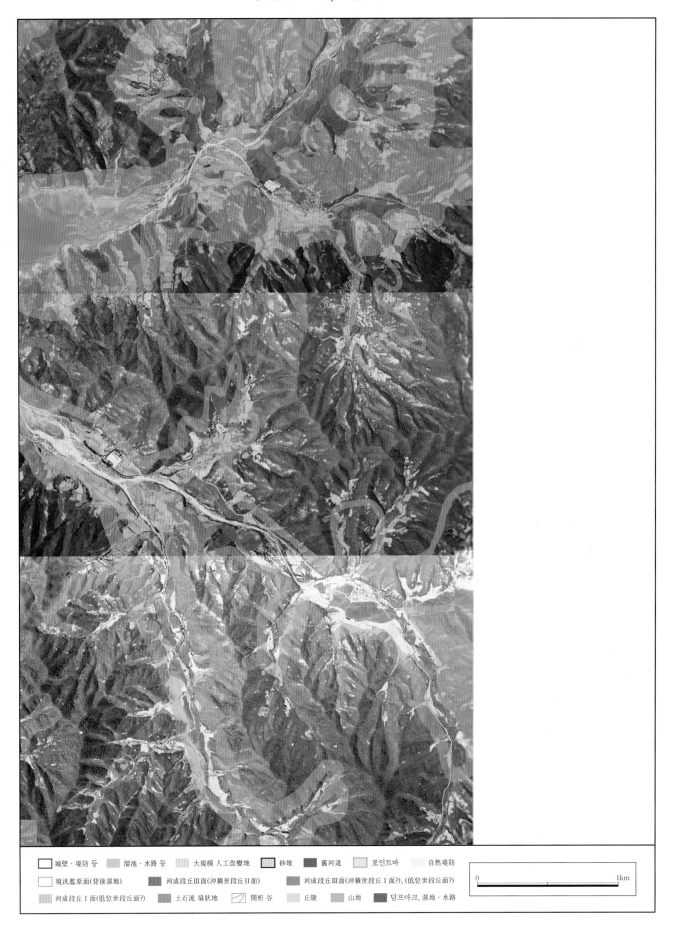

城壁・堤防 등　溜池・水路 등　大規模 人工改變地　砂堆　舊河道　포인트바　自然堤防

現汎濫原面(背後濕地)　河成段丘Ⅲ面(沖積世段丘Ⅱ面)　河成段丘Ⅲ面(沖積世段丘Ⅰ面?), (低位世段丘面?)

河成段丘Ⅰ面(低位世段丘面?)　土石流 扇狀地　開析 谷　丘陵　山地　덤프마크, 濕地・水路

0　　　　　　　　　　　1km

城壁·堤防 등　溜池·水路 등　大規模 人工改變地　砂堆　舊河道　포인트바　自然堤防

現汎濫原面(背後濕地)　河成段丘Ⅲ面(沖積世段丘Ⅱ面)　河成段丘Ⅲ面(沖積世段丘Ⅰ面?), (低位世段丘面?)

河成段丘Ⅰ面(低位世段丘面?)　土石流 扇狀地　開析 谷　丘陵　山地　덤프마크, 濕地·水路

0 _____ 1km

합덕(11)

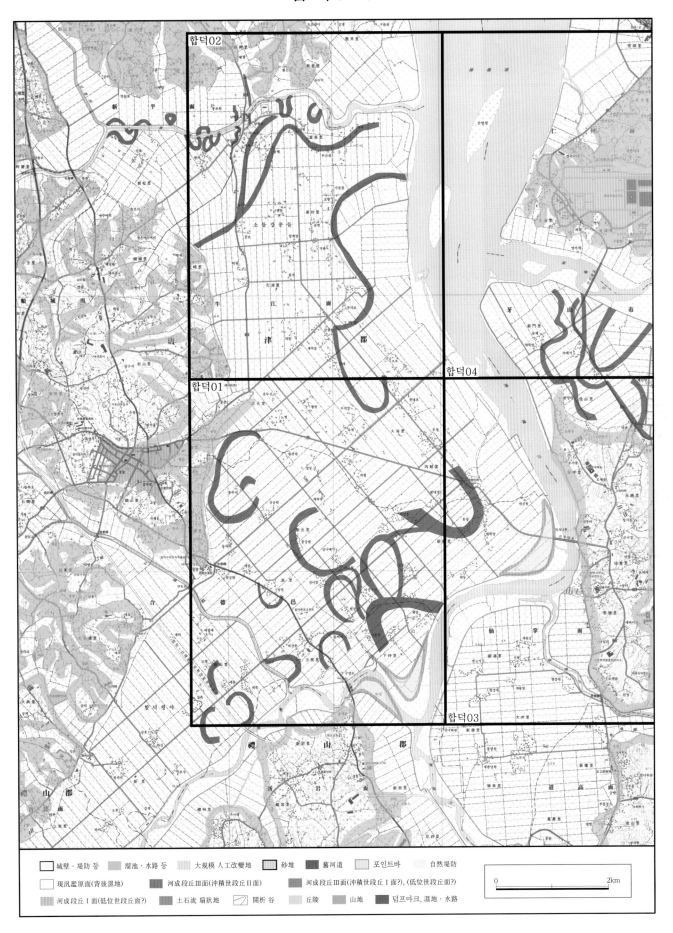

아산(12)

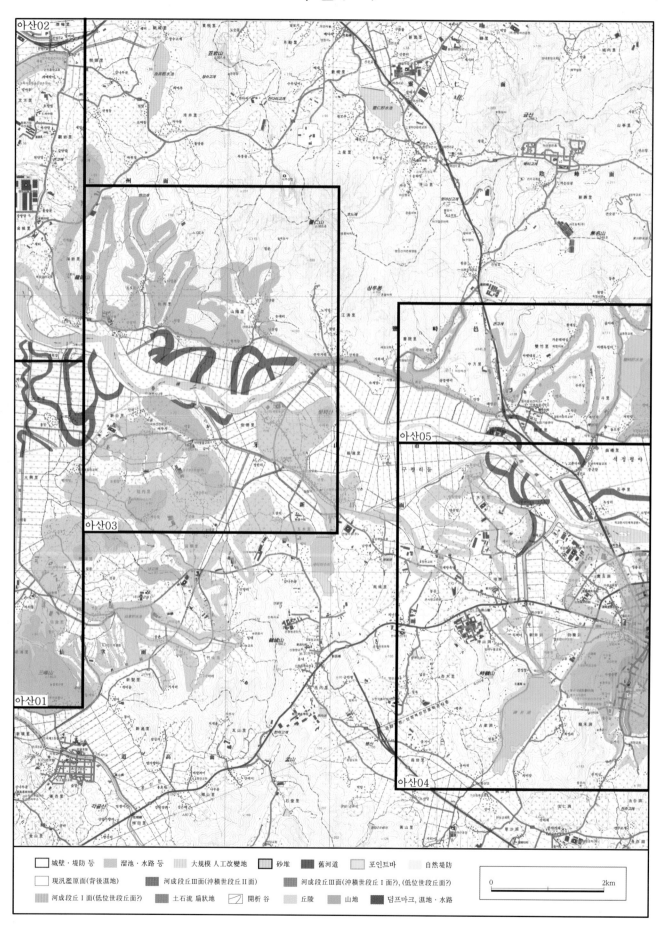

城壁·堤防 등	溜池·水路 등	大規模 人工改變地	砂堆	舊河道	포인트바	自然堤防
現汎濫原面(背後濕地)	河成段丘Ⅲ面(沖積世段丘Ⅱ面)	河成段丘Ⅲ面(沖積世段丘Ⅰ面?),(低位世段丘面?)			
河成段丘Ⅰ面(低位世段丘面?)	土石流 扇狀地	開析 谷	丘陵	山地	덤프마크, 濕地·水路

0　　　　　　2km

온양(13)

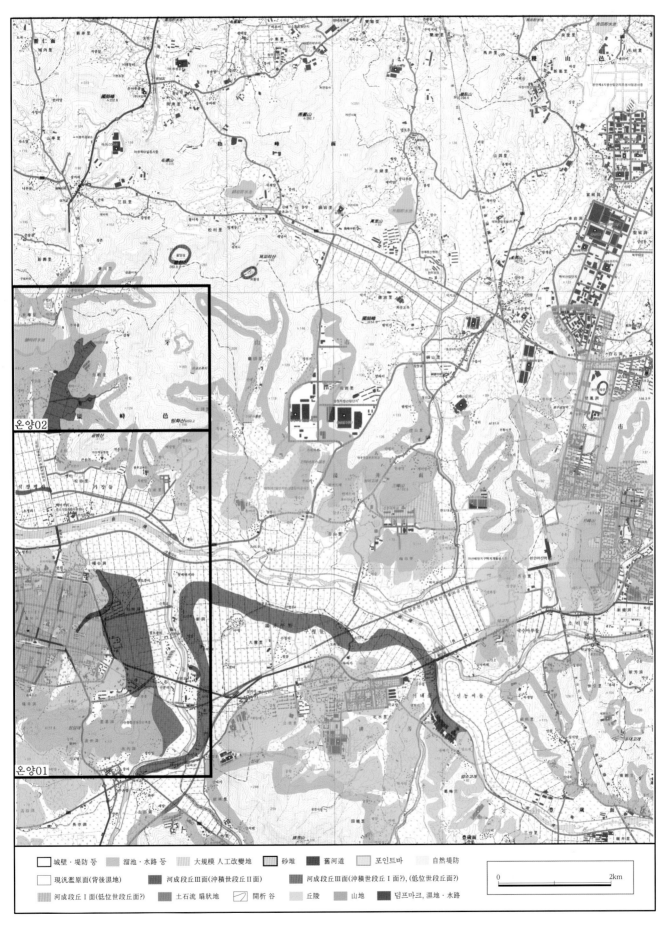

합덕(01)

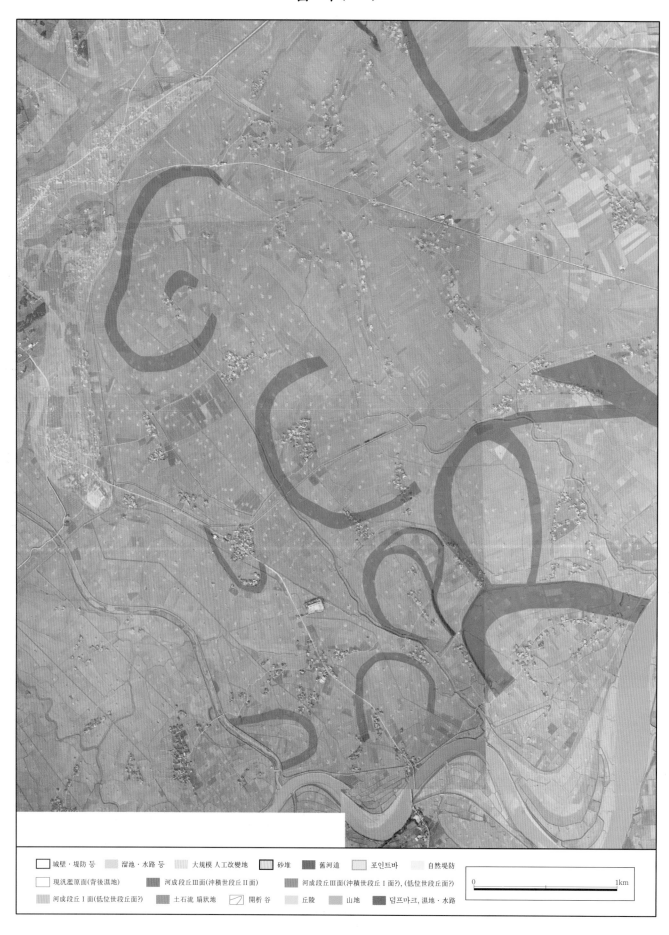

城壁·堤防 등 溜池·水路 등 大規模 人工改變地 砂堆 舊河道 포인트바 自然堤防

現汎濫原面(背後濕地) 河成段丘Ⅲ面(沖積世段丘Ⅱ面) 河成段丘Ⅲ面(沖積世段丘Ⅰ面?), (低位世段丘面?)

河成段丘Ⅰ面(低位世段丘面?) 土石流 扇狀地 開析 谷 丘陵 山地 덤프마크,濕地·水路

0   1km

합덕(02)

城壁・堤防 등　溜池・水路 등　大規模 人工改變地　砂堆　舊河道　포인트바　自然堤防

現汎濫原面(背後濕地)　河成段丘Ⅲ面(沖積世段丘Ⅱ面)　河成段丘Ⅲ面(沖積世段丘Ⅰ面?), (低位世段丘面?)

河成段丘Ⅰ面(低位世段丘面?)　土石流 扇狀地　開析 谷　丘陵　山地　덤프마크, 濕地・水路

0　　　　　　　　1km

합덕(03), 아산(01)

城壁·堤防 등　溜池·水路 등　大規模 人工改變地　砂堆　舊河道　포인트바　自然堤防

現汎濫原面(背後濕地)　河成段丘Ⅲ面(沖積世段丘Ⅱ面)　河成段丘Ⅲ面(沖積世段丘Ⅰ面?), (低位世段丘面?)

河成段丘Ⅰ面(低位世段丘面?)　土石流 扇狀地　開析谷　丘陵　山地　덤프마크, 濕地·水路

0　　　　　　　　　1km

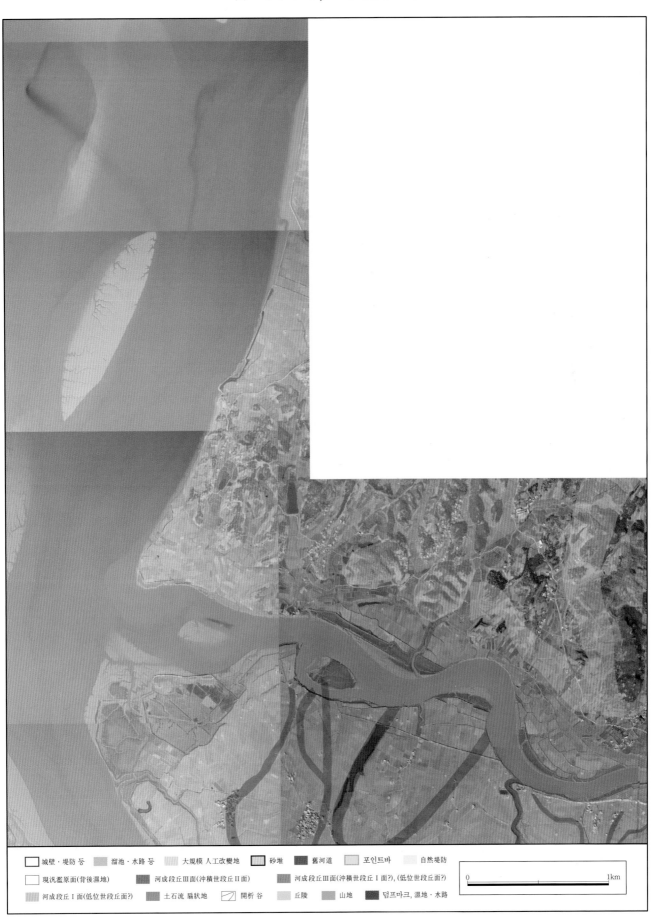

城壁・堤防 등　　溜池・水路 등　　大規模 人工改變地　　砂堆　　舊河道　　포인트바　　自然堤防

現汎濫原面(背後濕地)　　河成段丘Ⅲ面(沖積世段丘Ⅱ面)　　河成段丘Ⅲ面(沖積世段丘Ⅰ面?),(低位世段丘面?)

河成段丘Ⅰ面(低位世段丘面?)　　土石流 扇狀地　　開析谷　　丘陵　　山地　　덤프마크,濕地・水路

0　　　　　　　　　　　　　　　1km

아산(03)

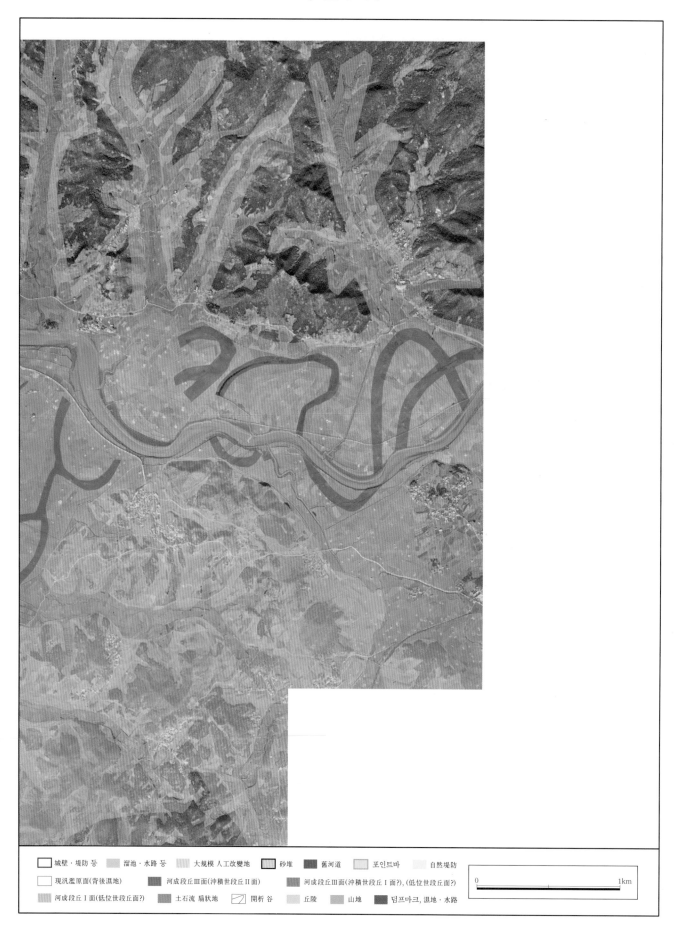

城壁·堤防 등 　溜池·水路 등 　大規模人工改變地 　砂堆 　舊河道 　포인트바 　自然堤防

現汎濫原面(背後濕地) 　河成段丘Ⅲ面(沖積世段丘Ⅱ面) 　河成段丘Ⅲ面(沖積世段丘Ⅰ面?), (低位世段丘面?)

河成段丘Ⅰ面(低位世段丘面?) 　土石流 扇狀地 　開析 谷 　丘陵 　山地 　덤프마크, 濕地·水路

0 　　　　　1km

아산(04)

城壁·堤防 등　溜池·水路 등　大規模 人工改變地　砂堆　舊河道　포인트바　自然堤防

現汎濫原面(背後濕地)　河成段丘Ⅲ面(沖積世段丘Ⅱ面)　河成段丘Ⅲ面(沖積世段丘Ⅰ面?), (低位世段丘面?)

河成段丘Ⅰ面(低位世段丘面?)　土石流 扇狀地　開析 谷　丘陵　山地　덤프마크,濕地·水路

0　　　　　　　　　　1km

城壁·堤防 등　溜池·水路 등　大規模 人工改變地　砂堆　舊河道　포인트바　自然堤防

現汎濫原面(背後濕地)　河成段丘Ⅲ面(沖積世段丘Ⅱ面)　河成段丘Ⅲ面(沖積世段丘Ⅰ面?), (低位世段丘面?)

河成段丘Ⅰ面(低位世段丘面?)　土石流 扇狀地　開析 谷　丘陵　山地　덤프마크, 濕地·水路

0　　　　　　　　1km

온양(01)

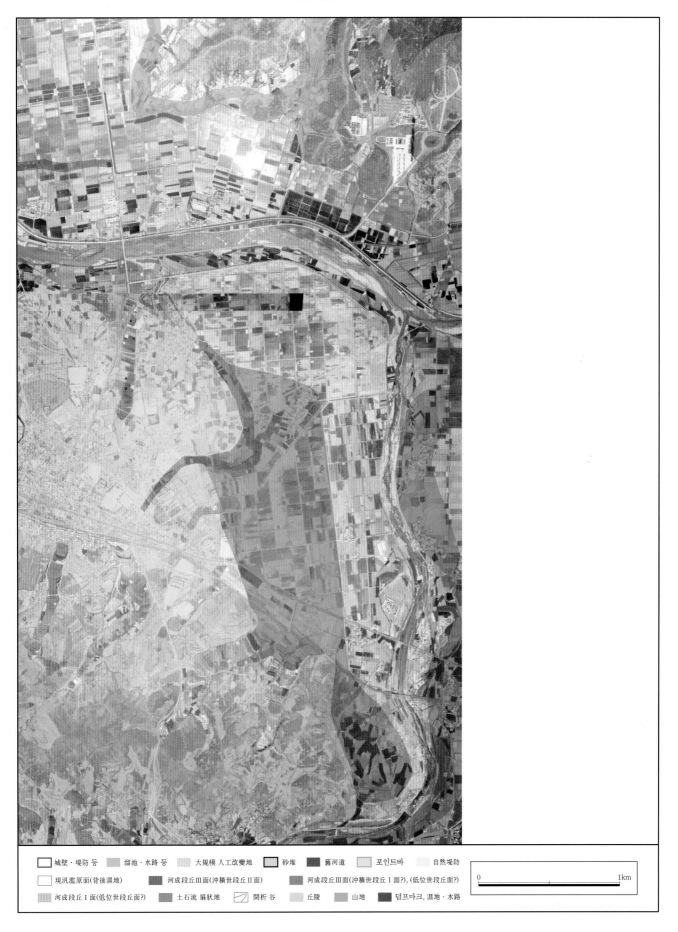

城壁・堤防 등　溜池・水路 등　大規模 人工改變地　砂堆　舊河道　포인트바　自然堤防

現汎濫原面(背後濕地)　河成段丘Ⅲ面(沖積世段丘Ⅱ面)　河成段丘Ⅲ面(沖積世段丘Ⅰ面?), (低位世段丘面?)

河成段丘Ⅰ面(低位世段丘面?)　土石流 扇狀地　開析 谷　丘陵　山地　덤프마크, 濕地・水路

0　　　　　　　　　　　　　　　1km

城壁·堤防 등　溜池·水路 등　大規模 人工改變地　砂堆　舊河道　포인트바　自然堤防

現汎濫原面(背後濕地)　河成段丘III面(沖積世段丘II面)　河成段丘III面(沖積世段丘I面?), (低位世段丘面?)

河成段丘I面(低位世段丘面?)　土石流 扇狀地　開析谷　丘陵　山地　덤프마크, 濕地·水路

0　　　　　　　　　　　　　　　　1km

전동(14)

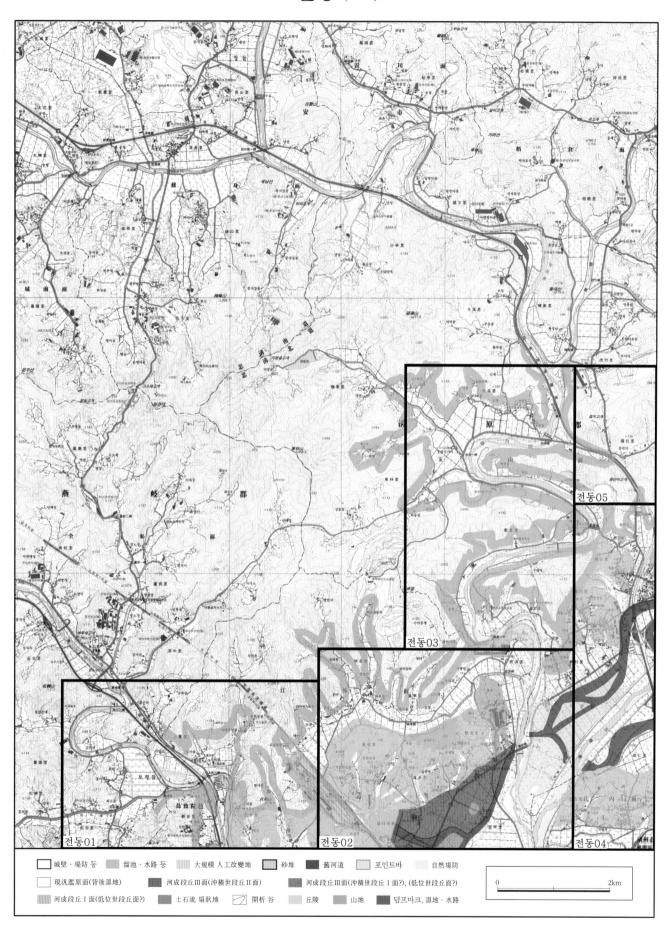

城壁・堤防 등	溜池・水路 등	大規模 人工改變地	砂堆	舊河道	포인트바	自然堤防
現汎濫原面(背後濕地)	河成段丘Ⅲ面(沖積世段丘Ⅱ面)	河成段丘Ⅲ面(沖積世段丘Ⅰ面?), (低位世段丘面?)
河成段丘Ⅰ面(低位世段丘面?)	土石流 扇狀地	開析 谷	丘陵	山地	덤프마크, 濕地・水路

0 _____ 2km

청주(15)

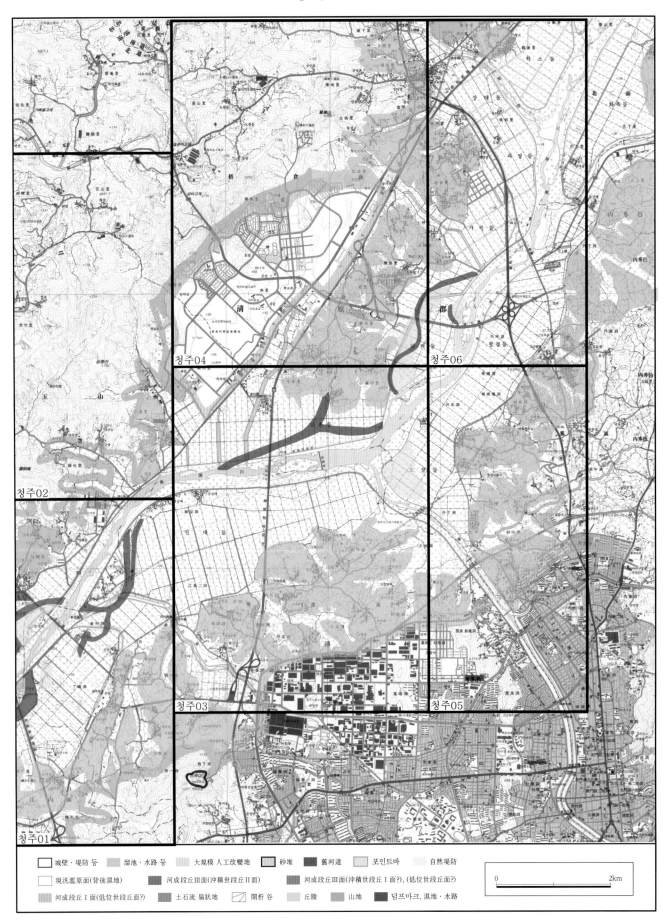

청주04

청주06

청주02

청주03

청주05

청주01

凡例		
城壁・堤防 등	溜池・水路 등	大規模 人工改變地
砂堆	舊河道	포인트바
自然堤防	現氾濫原面(背後濕地)	河成段丘III面(沖積世段丘II面)
河成段丘III面(沖積世段丘I面?), (低位世段丘面?)	河成段丘I面(低位世段丘面?)	土石流 扇狀地
開析 谷	丘陵	山地
덤프마크, 濕地・水路		

0   2km

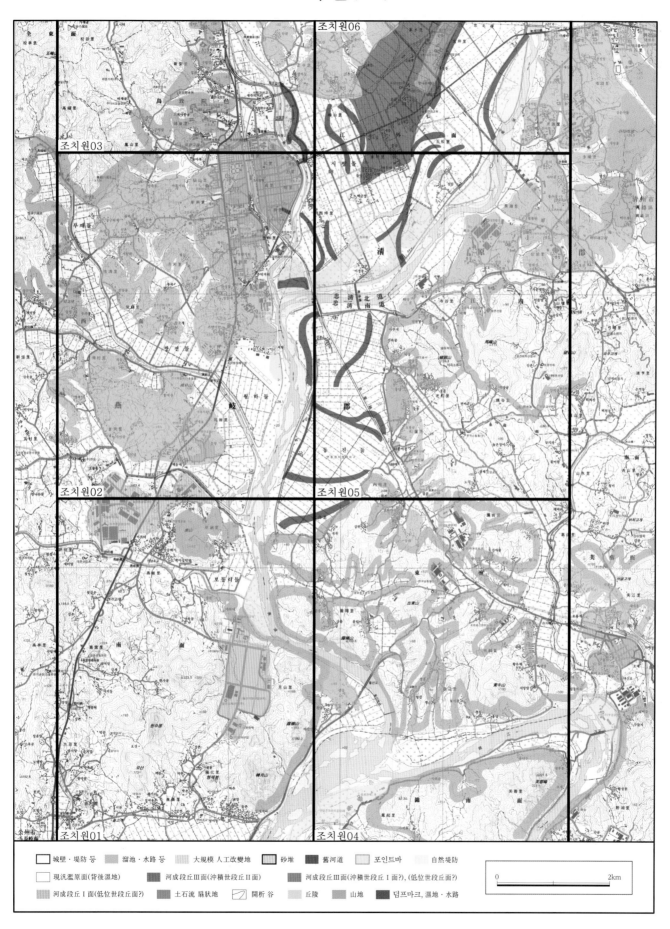

凡例

城壁·堤防 등	溜池·水路 등	大規模 人工改變地	砂堆 · 舊河道 · 포인트바 · 自然堤防
現況濫原面(背後濕地)	河成段丘III面(沖積世段丘II面)	河成段丘III面(沖積世段丘I面?), (低位世段丘面?)	
河成段丘I面(低位世段丘面?)	土石流 扇狀地	開析 谷 · 丘陵 · 山地	덤프마크, 濕地·水路

0 _____ 2km

의당, 하봉, 금남(17)

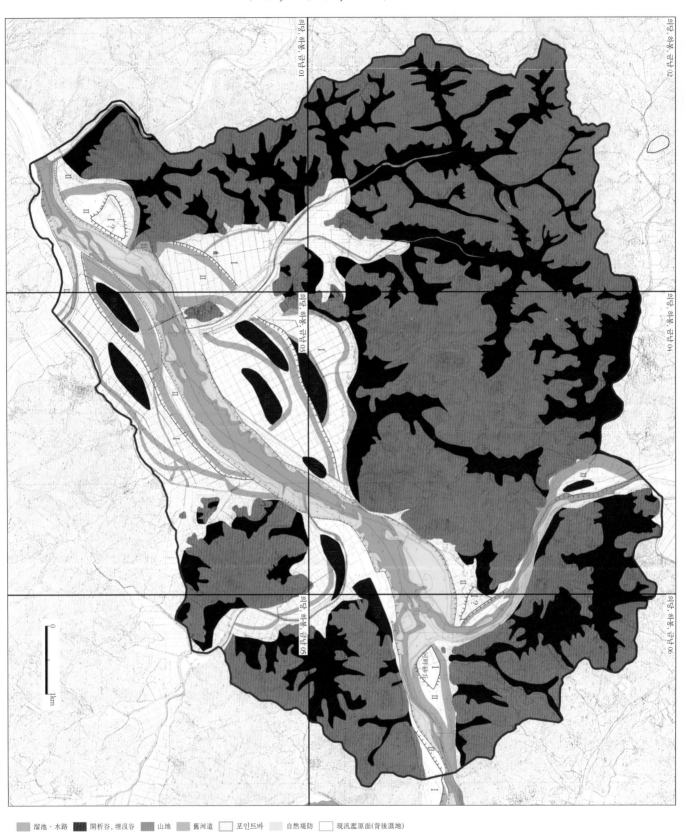

溜池・水路　　開析谷, 埋没谷　　山地　　舊河道　　포인트바　　自然堤防　　現況氾濫原面(背後濕地)

城壁·堤防 등   溜池·水路 등   大規模 人工改變地   砂堆   舊河道   포인트바   自然堤防

現汎濫原面(背後濕地)   河成段丘III面(沖積世段丘II面)   河成段丘III面(沖積世段丘I面?),(低位世段丘面?)

河成段丘I面(低位世段丘面?)   土石流 扇狀地   開析 谷   丘陵   山地   덤프마크,濕地·水路

0   1km

조치원(02)

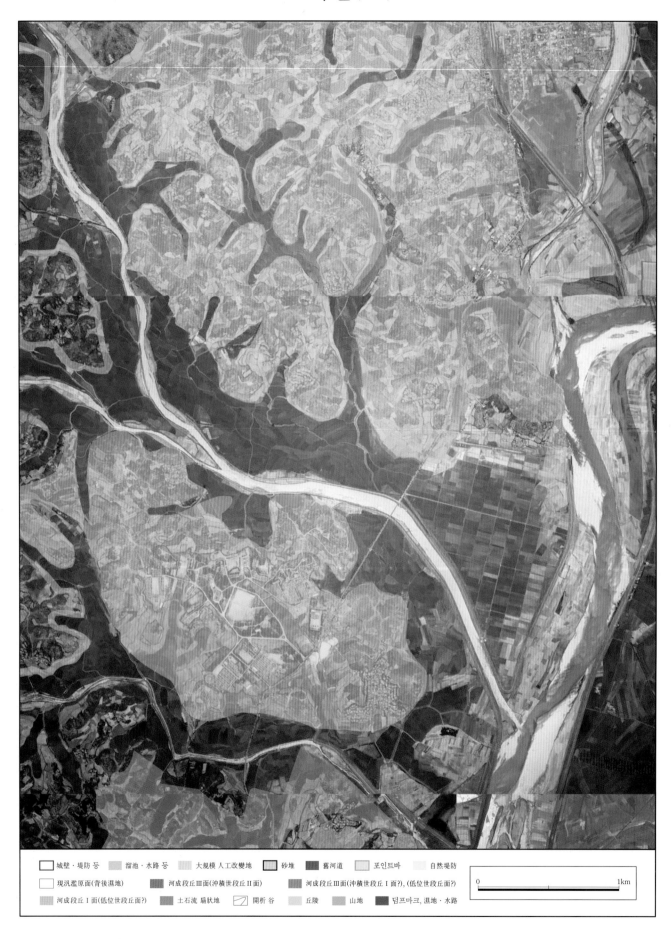

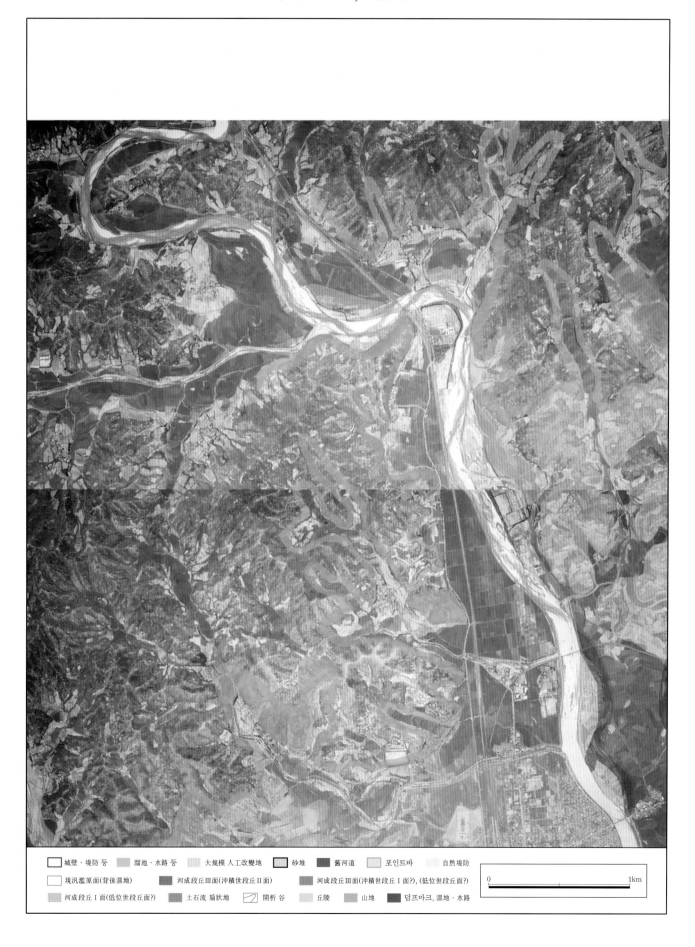

城壁·堤防 등　溜池·水路 등　大規模 人工改變地　砂堆　舊河道　포인트바　自然堤防
現汎濫原面(背後濕地)　河成段丘III面(沖積世段丘II面)　河成段丘III面(沖積世段丘I面?), (低位世段丘面?)
河成段丘I面(低位世段丘面?)　土石流 扇狀地　開析谷　丘陵　山地　덤프마크, 濕地·水路

0 _____ 1km

조치원(04)

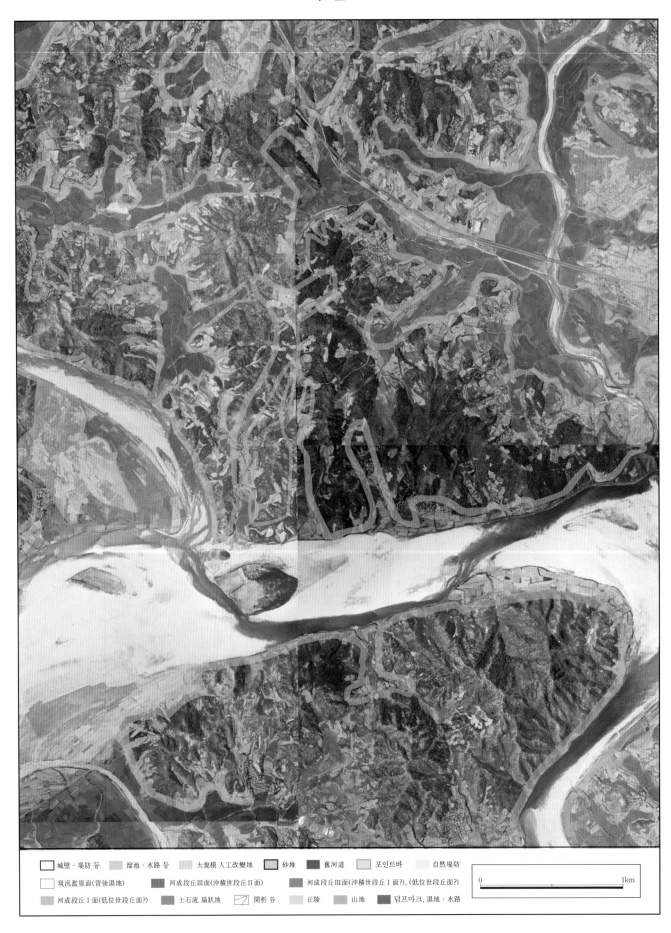

城壁·堤防 등　溜池·水路 등　大規模 人工改變地　砂堆　舊河道　포인트바　自然堤防

現汎濫原面(背後濕地)　河成段丘Ⅲ面(沖積世段丘Ⅱ面)　河成段丘Ⅲ面(沖積世段丘Ⅰ面?), (低位世段丘面?)

河成段丘Ⅰ面(低位世段丘面?)　土石流 扇狀地　開析 谷　丘陵　山地　덤프마크, 濕地·水路

0　　　　　　　　　　1km

조치원(05)

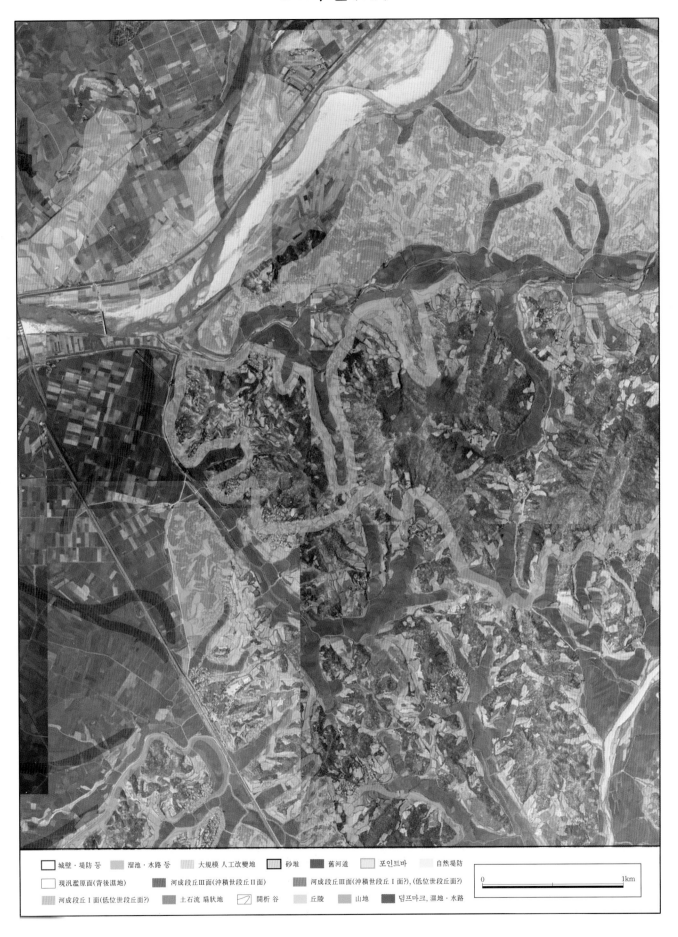

城壁・堤防 등　溜池・水路 등　大規模 人工改變地　砂堆　舊河道　포인트바　自然堤防

現汎濫原面(背後濕地)　河成段丘Ⅲ面(沖積世段丘Ⅱ面)　河成段丘Ⅲ面(沖積世段丘Ⅰ面?), (低位世段丘面?)

河成段丘Ⅰ面(低位世段丘面?)　土石流 扇狀地　開析 谷　丘陵　山地　덤프마크, 濕地・水路

0　　　　　　　1km

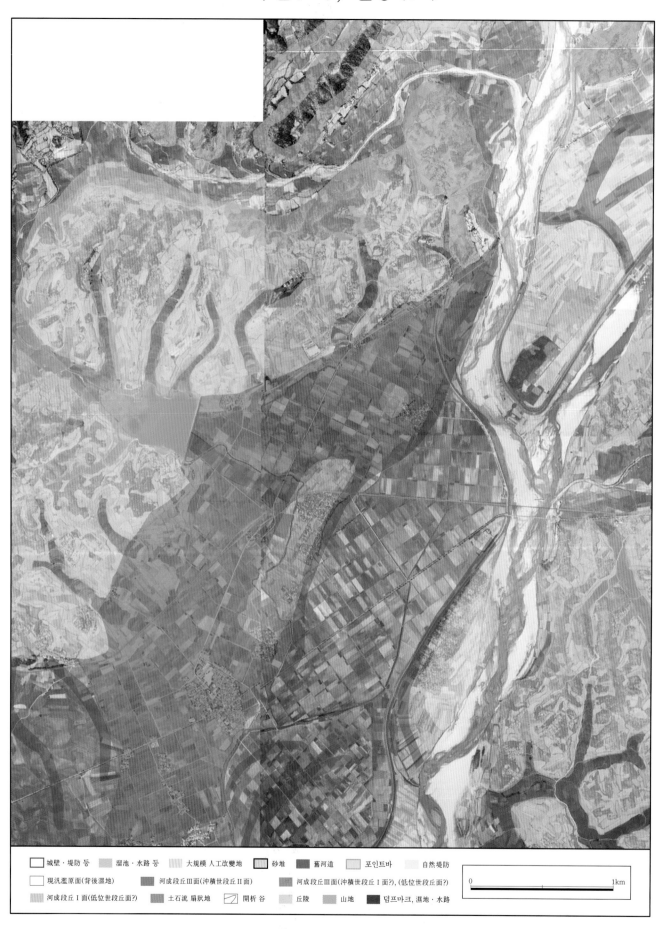

城壁·堤防 등　溜池·水路 등　大規模 人工改變地　砂堆　舊河道　포인트바　自然堤防

現汎濫原面(背後濕地)　河成段丘Ⅲ面(沖積世段丘Ⅱ面)　河成段丘Ⅲ面(沖積世段丘Ⅰ面?),(低位世段丘面?)

河成段丘Ⅰ面(低位世段丘面?)　土石流 扇狀地　開析谷　丘陵　山地　덤프마크, 濕地·水路

0　　　　　　　　1km

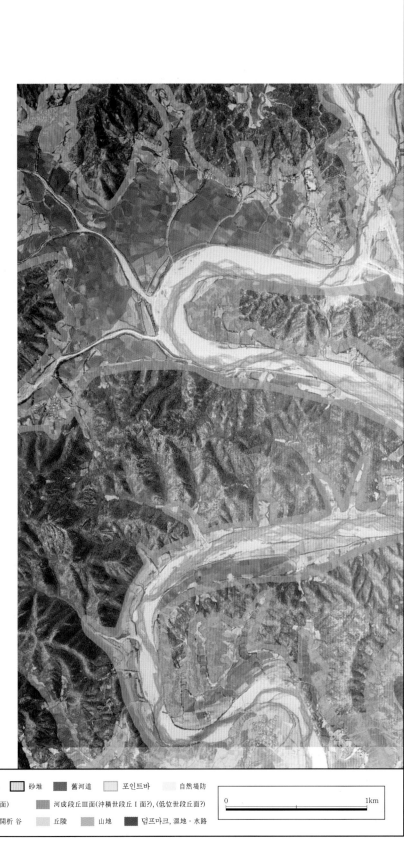

城壁・堤防 등   溜池・水路 등   大規模人工改變地   砂堆   舊河道   포인트바   自然堤防
現汎濫原面(背後濕地)   河成段丘Ⅲ面(沖積世段丘Ⅱ面)   河成段丘Ⅲ面(沖積世段丘Ⅰ面?),(低位世段丘面?)
河成段丘Ⅰ面(低位世段丘面?)   土石流 扇狀地   開析谷   丘陵   山地   덤프마크,濕地・水路

0   1km

전동(04), 청주(01)

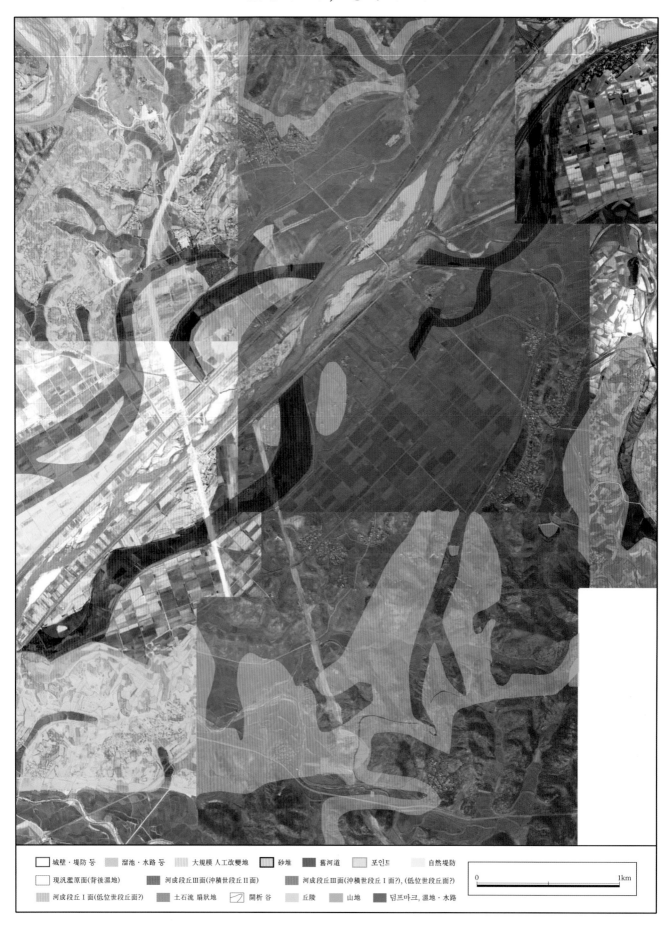

城壁・堤防 등 溜池・水路 등 大規模 人工改變地 砂堆 舊河道 포인트 自然堤防
現汎濫原面(背後濕地) 河成段丘Ⅲ面(沖積世段丘Ⅱ面) 河成段丘Ⅲ面(沖積世段丘Ⅰ面?), (低位世段丘面?)
河成段丘Ⅰ面(低位世段丘面?) 土石流 扇狀地 開析 谷 丘陵 山地 덤프마크, 濕地・水路

0 1km

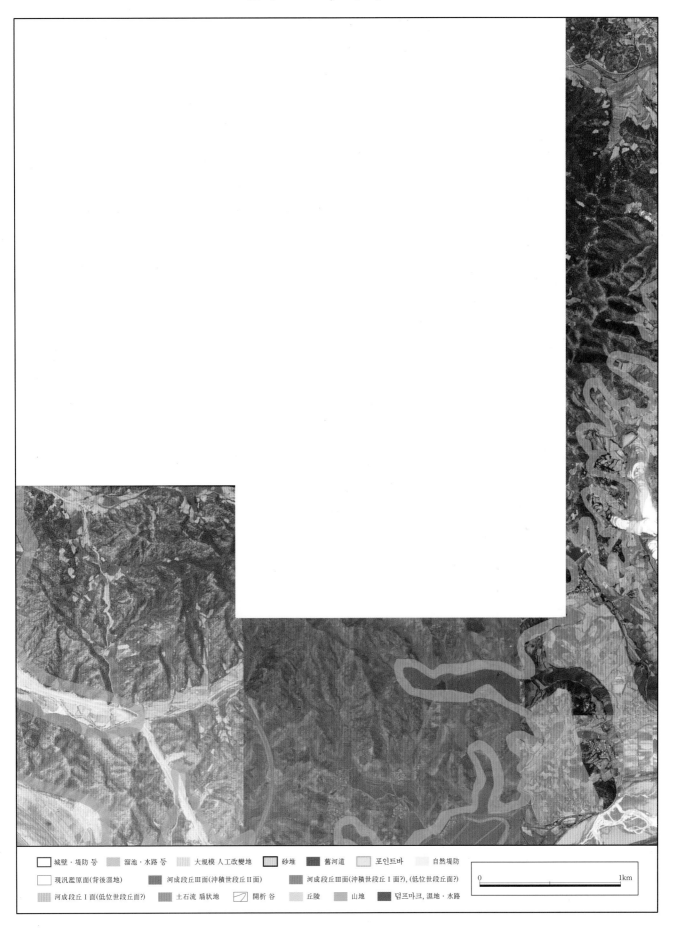

城壁·堤防 등　溜池·水路 등　大規模人工改變地　砂堆　舊河道　포인트바　自然堤防
現汎濫原面(背後濕地)　河成段丘Ⅲ面(沖積世段丘Ⅱ面)　河成段丘Ⅲ面(沖積世段丘Ⅰ面?), (低位世段丘面?)
河成段丘Ⅰ面(低位世段丘面?)　土石流 扇狀地　開析 谷　丘陵　山地　덤프마크, 濕地·水路

0　　　　　　1km

청주(03)

城壁·堤防 등　溜池·水路 등　大規模 人工改變地　砂堆　舊河道　포인트바　自然堤防

現汎濫原面(背後濕地)　河成段丘Ⅲ面(沖積世段丘Ⅱ面)　河成段丘Ⅲ面(沖積世段丘Ⅰ面?), (低位世段丘面?)

河成段丘Ⅰ面(低位世段丘面?)　土石流 扇狀地　開析 谷　丘陵　山地　덤프마크,濕地·水路

0 　　　　1km

청주(04)

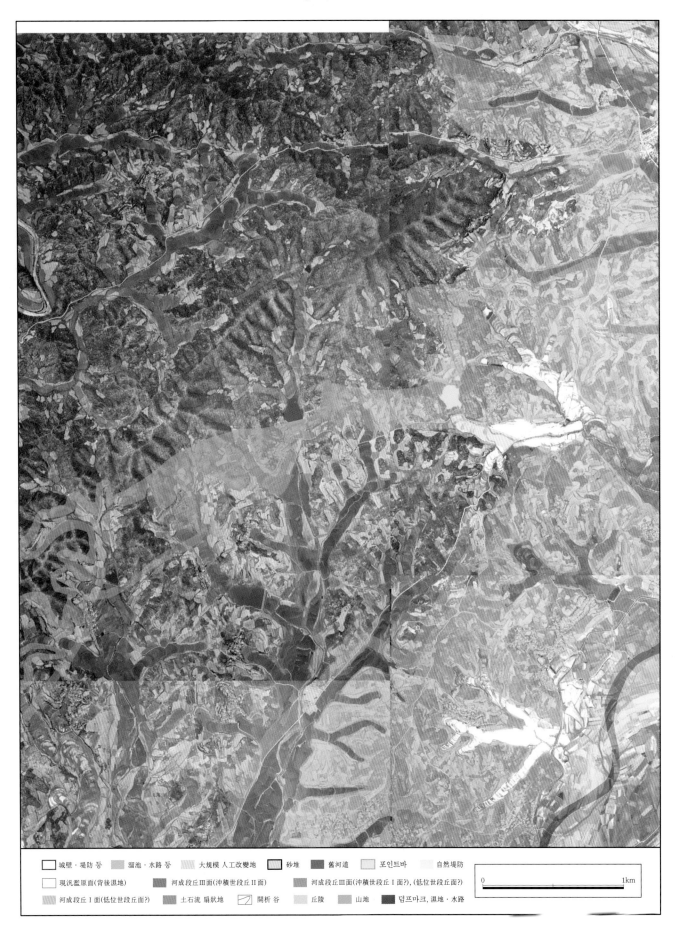

城壁·堤防 등　溜池·水路 등　大規模 人工改變地　砂堆　舊河道　포인트바　自然堤防

現汎濫原面(背後濕地)　河成段丘Ⅲ面(沖積世段丘Ⅱ面)　河成段丘Ⅲ面(沖積世段丘Ⅰ面?), (低位世段丘面?)

河成段丘Ⅰ面(低位世段丘面?)　土石流 扇狀地　開析 谷　丘陵　山地　덤프마크, 濕地·水路

0　　　　　　1km

85

청주(05)

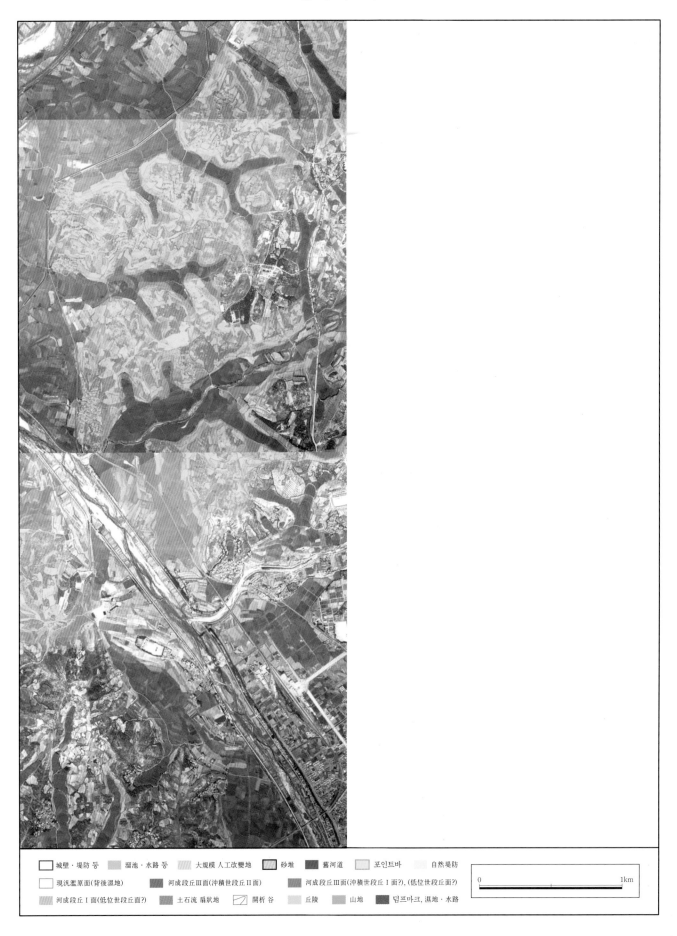

城壁·堤防 등   溜池·水路 등   大規模 人工改變地   砂堆   舊河道   포인트바   自然堤防

現汎濫原面(背後濕地)   河成段丘Ⅲ面(沖積世段丘Ⅱ面)   河成段丘Ⅲ面(沖積世段丘Ⅰ面?), (低位世段丘面?)

河成段丘Ⅰ面(低位世段丘面?)   土石流 扇狀地   開析 谷   丘陵   山地   덤프마크, 濕地·水路

0   1km

청주(06)

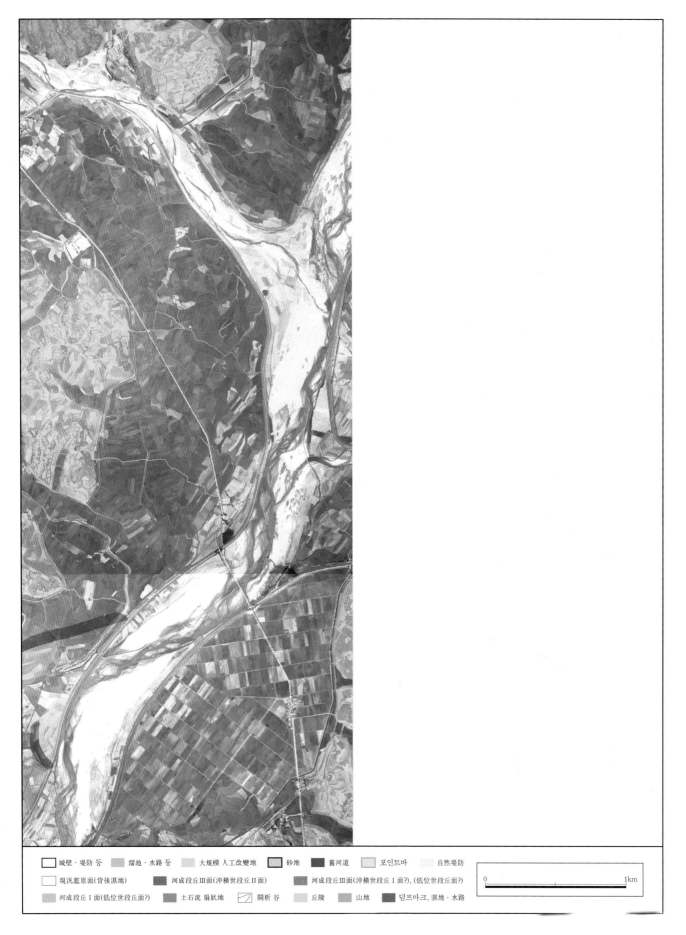

城壁・堤防 등 　溜池・水路 등 　大規模人工改變地 　砂堆 　舊河道 　포인트바 　自然堤防

現況濫原面(背後濕地) 　河成段丘Ⅲ面(沖積世段丘Ⅱ面) 　河成段丘Ⅲ面(沖積世段丘Ⅰ面?),(低位世段丘面?)

河成段丘Ⅰ面(低位世段丘面?) 　土石流 扇狀地 　開析 谷 　丘陵 　山地 　덤프마크,濕地・水路

0 　　　　　　　　　1km

의당, 하봉, 금남(01)

溜池·水路　開析谷,埋沒谷　山地　舊河道　포인트바　自然堤防　現氾濫原面(背後濕地)

0　　　　　　　　　　　　　　1km

의당, 하봉, 금남(02)

溜池・水路　　開析谷,埋沒谷　　山地　　舊河道　　포인트바　　自然堤防　　現汎濫原面(背後濕地)

0　　　　　　　　　　　　　　　　1km

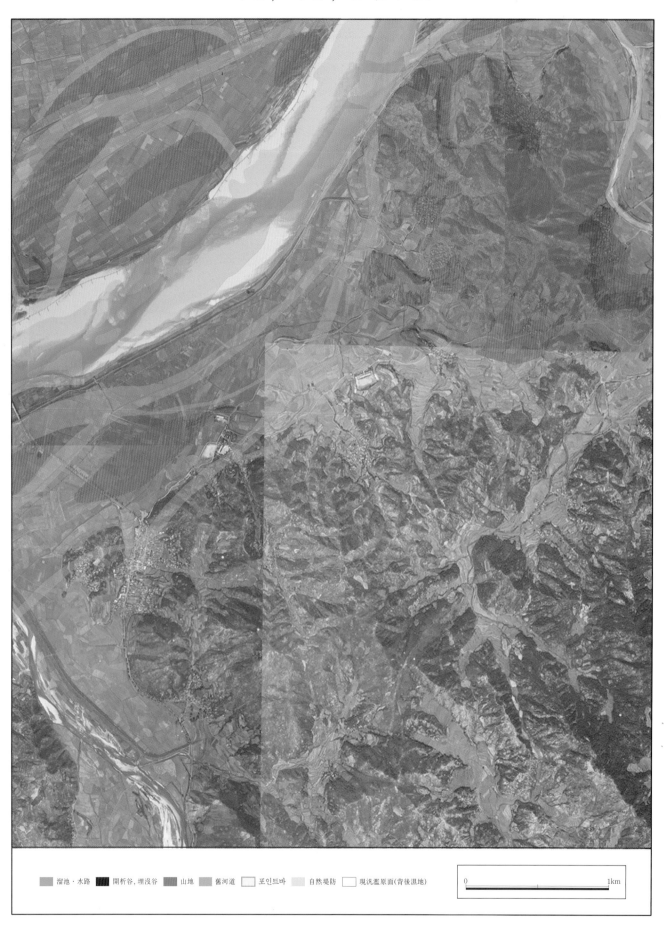

溜池・水路　開析谷, 埋没谷　山地　舊河道　포인트바　自然堤防　現汎濫原面(背後濕地)

0　　　　　　　　　　　　　　　1km

의당, 하봉, 금남(03)

의당, 하봉, 금남(04)

溜池·水路　　開析谷, 埋沒谷　　山地　　舊河道　　포인트바　　自然堤防　　現況濫原面(背後濕地)

0　　　　　　　　　　　1km

의당, 하봉, 금남(05)

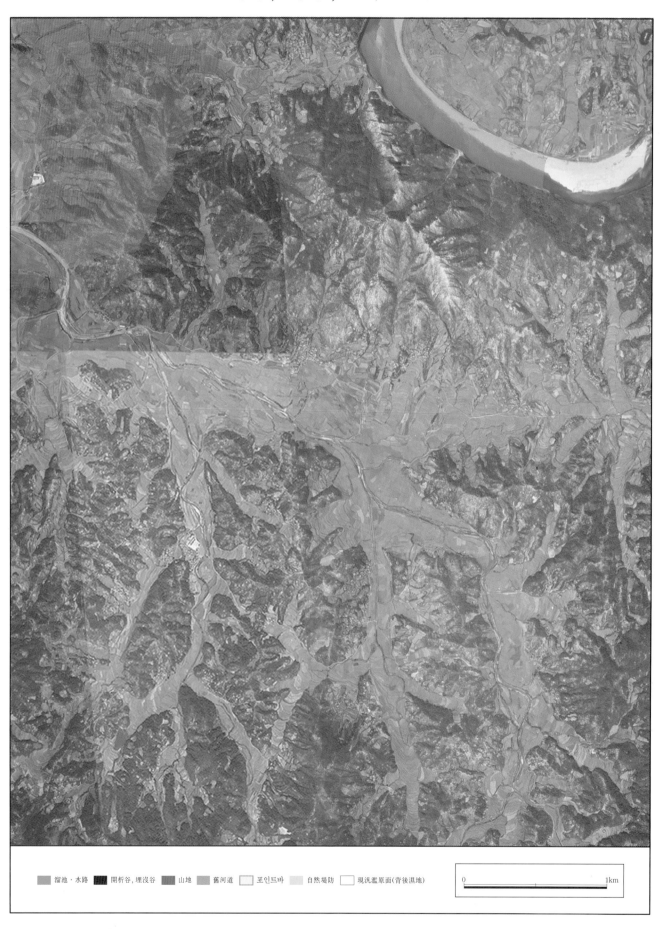

溜池·水路　開析谷, 埋沒谷　山地　舊河道　포인트바　自然堤防　現汎濫原面(背後濕地)

0　　　　　　　　　　1km

溜池·水路　開析谷, 埋沒谷　山地　舊河道　포인트바　自然堤防　現汎濫原面(背後濕地)

0　　　　　　　　　　　1km

은산(17)

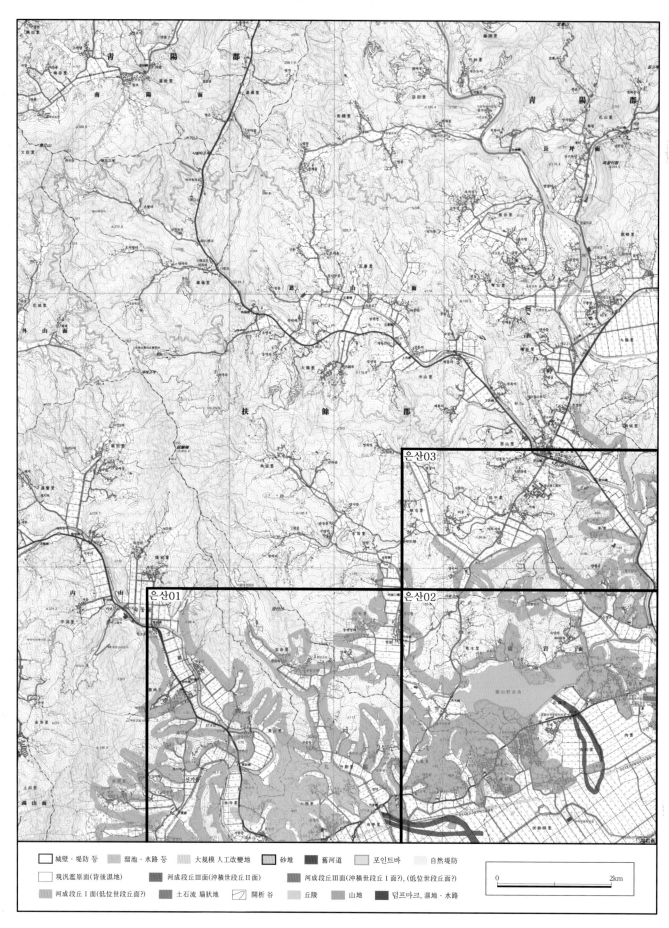

城壁·堤防 등　溜池·水路 등　大規模 人工改變地　砂堆　舊河道　포인트바　自然堤防
現汎濫原面(背後濕地)　河成段丘Ⅲ面(沖積世段丘Ⅱ面)　河成段丘Ⅲ面(沖積世段丘Ⅰ面?), (低位世段丘面?)
河成段丘Ⅰ面(低位世段丘面?)　土石流 扇狀地　開析 谷　丘陵　山地　덤프마크, 濕地·水路

부여(18)

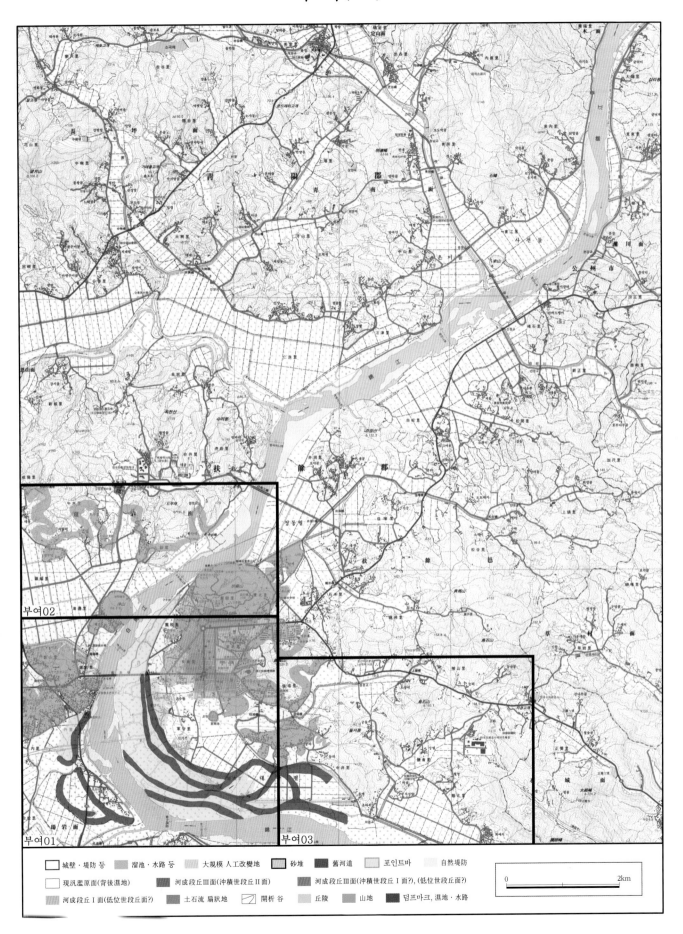

홍산(19)

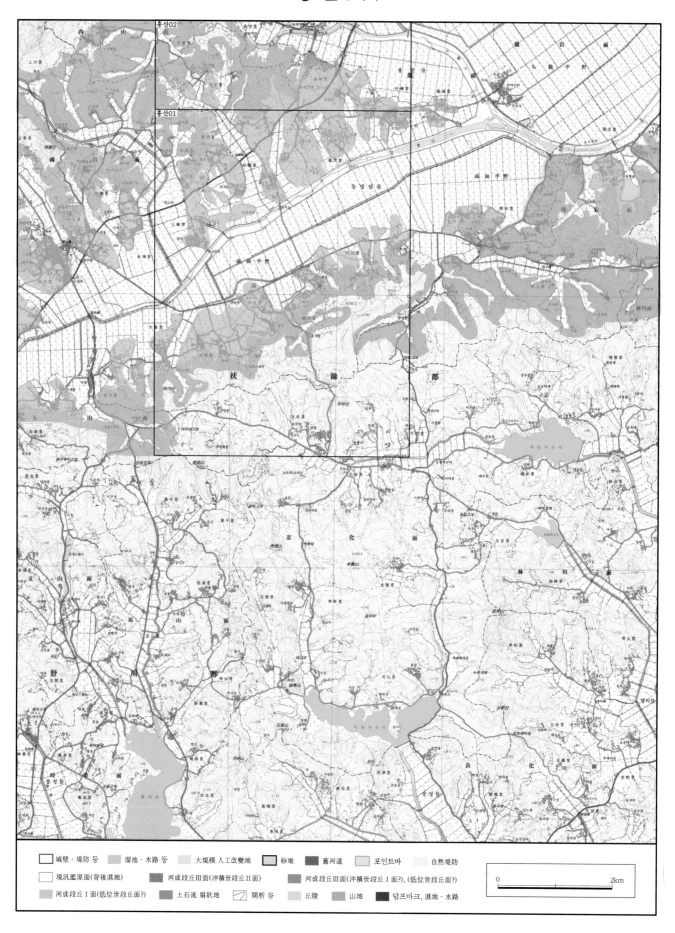

홍산(01)

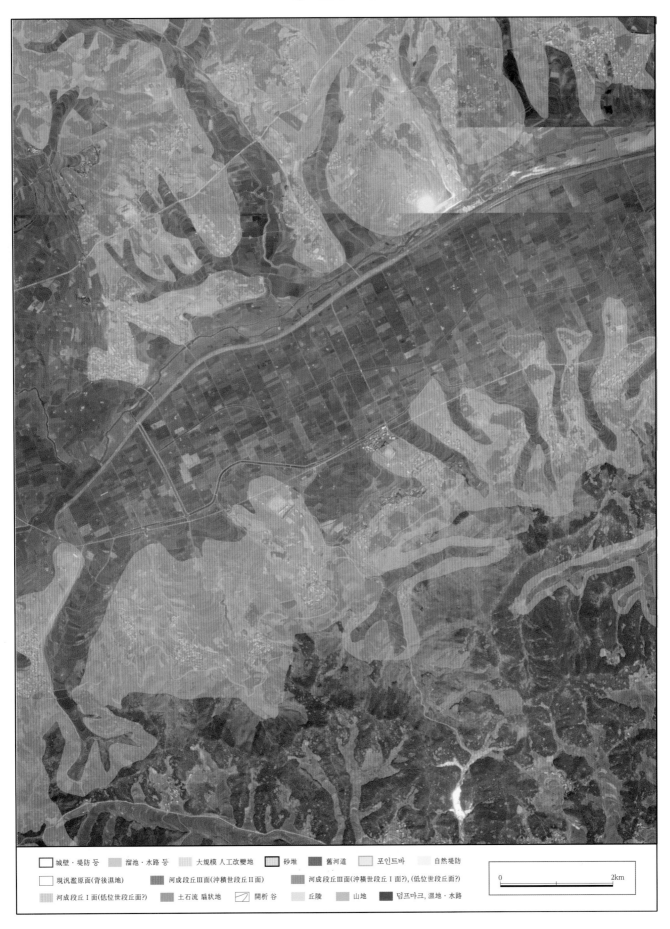

城壁・堤防 등　溜池・水路 등　大規模 人工改變地　砂堆　舊河道　포인트바　自然堤防

現汎濫原面(背後濕地)　河成段丘III面(沖積世段丘II面)　河成段丘III面(沖積世段丘I面?), (低位世段丘面?)

河成段丘I面(低位世段丘面?)　土石流 扇狀地　開析 谷　丘陵　山地　덤프마크, 濕地・水路

0　　　　　2km

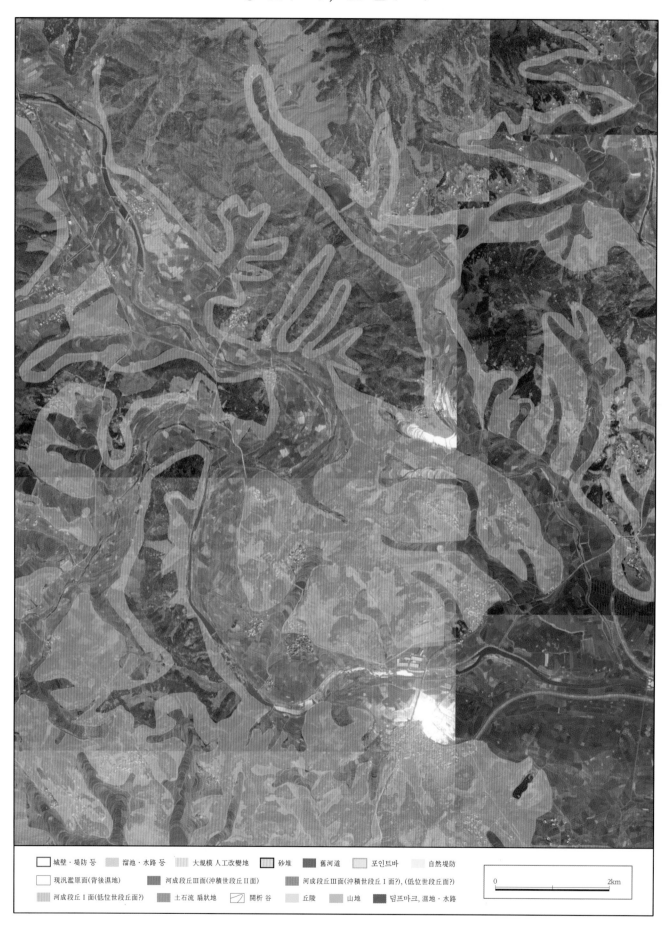

城壁・堤防 등　　溜池・水路 등　　大規模 人工改變地　　砂堆　　舊河道　　포인트바　　自然堤防

現汎濫原面(背後濕地)　　河成段丘Ⅲ面(沖積世段丘Ⅱ面)　　河成段丘Ⅲ面(沖積世段丘Ⅰ面?), (低位世段丘面?)

河成段丘Ⅰ面(低位世段丘面?)　　土石流 扇狀地　　開析 谷　　丘陵　　山地　　덤프마크, 濕地・水路

0　　　　2km

은산(02)

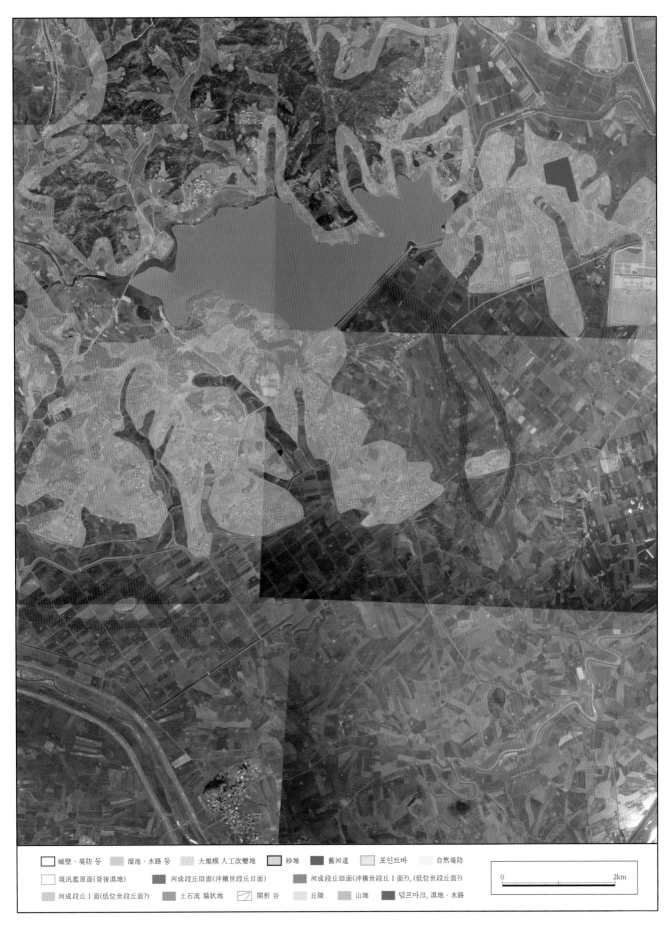

城壁・堤防 등 溜池・水路 등 大規模 人工改變地 砂堆 舊河道 포인트바 自然堤防

現況濫原面(背後濕地) 河成段丘III面(沖積世段丘II面) 河成段丘III面(沖積世段丘I面?), (低位世段丘面?)

河成段丘I面(低位世段丘面?) 土石流 扇狀地 開析 谷 丘陵 山地 덤프마크,濕地・水路

0   2km

은산(03)

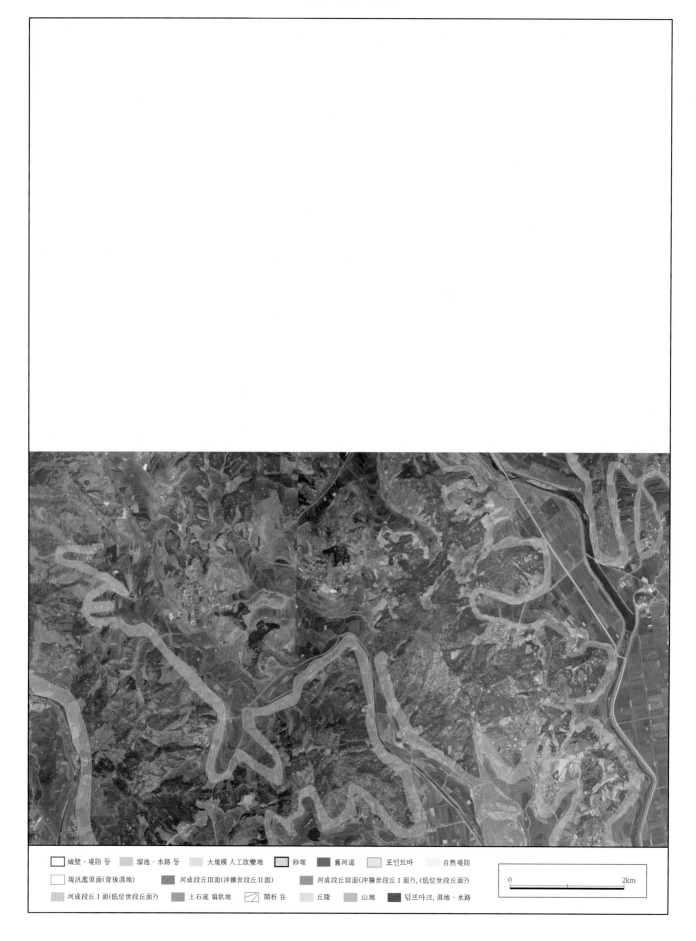

城壁·堤防 등　溜池·水路 등　大規模 人工改變地　砂堆　舊河道　포인트바　自然堤防

現汎濫原面(背後濕地)　河成段丘Ⅲ面(沖積世段丘Ⅱ面)　河成段丘Ⅲ面(沖積世段丘Ⅰ面?), (低位世段丘面?)

河成段丘Ⅰ面(低位世段丘面?)　土石流 扇狀地　開析 谷　丘陵　山地　덤프마크, 濕地·水路

0　　　　　　　　　　　2km

부여(01)

城壁・堤防 등　溜池・水路 등　大規模 人工改變地　砂堆　舊河道　포인트바　自然堤防
現況濫原面(背後濕地)　河成段丘III面(沖積世段丘II面)　河成段丘III面(沖積世段丘I面?), (低位世段丘面?)
河成段丘I面(低位世段丘面?)　土石流 扇狀地　開析 谷　丘陵　山地　덤프마크, 濕地・水路

0　　　　　　　　　2km

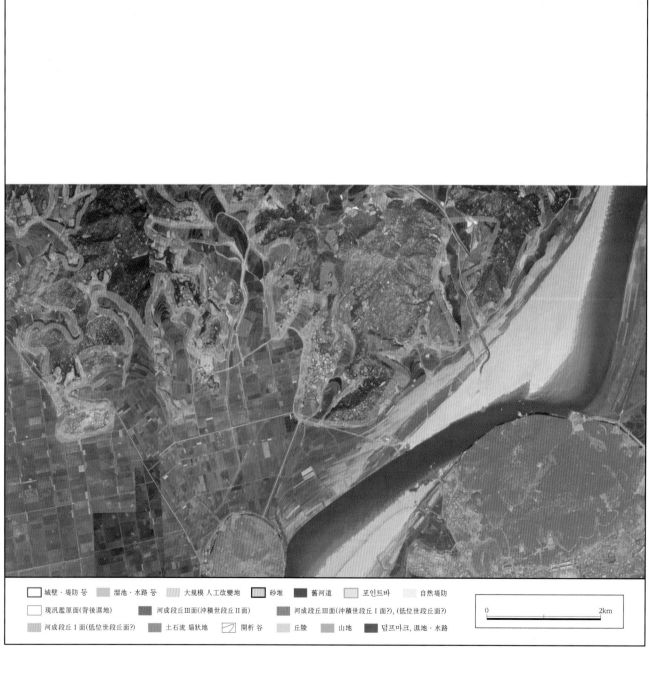

城壁·堤防 등   溜池·水路 등   大規模 人工改變地   砂堆   舊河道   포인트바   自然堤防

現汎濫原面(背後濕地)   河成段丘Ⅲ面(沖積世段丘Ⅱ面)   河成段丘Ⅲ面(沖積世段丘Ⅰ面?), (低位世段丘面?)

河成段丘Ⅰ面(低位世段丘面?)   土石流 扇狀地   開析 谷   丘陵   山地   덤프마크, 濕地·水路

0   2km

부여(03)

城壁・堤防 등 溜池・水路 등 大規模 人工改變地 砂堆 舊河道 포인트바 自然堤防

現汎濫原面(背後濕地) 河成段丘Ⅱ面(沖積世段丘Ⅱ面) 河成段丘Ⅲ面(沖積世段丘Ⅰ面?), (低位世段丘面?)

河成段丘Ⅰ面(低位世段丘面?) 土石流 扇狀地 開析 谷 丘陵 山地 덤프마크, 濕地・水路

0   2km

城壁·堤防 등　　溜池·水路 등　　大規模 人工改變地　　砂堆　　舊河道　　포인트바　　自然堤防

現汎濫原面(背後濕地)　　河成段丘Ⅲ面(沖積世段丘Ⅱ面)　　河成段丘Ⅲ面(沖積世段丘Ⅰ面?), (低位世段丘面?)

河成段丘Ⅰ面(低位世段丘面?)　　土石流 扇狀地　　開析 谷　　丘陵　　山地　　덤프마크, 濕地·水路

0　　　　　　2km

논산(20)

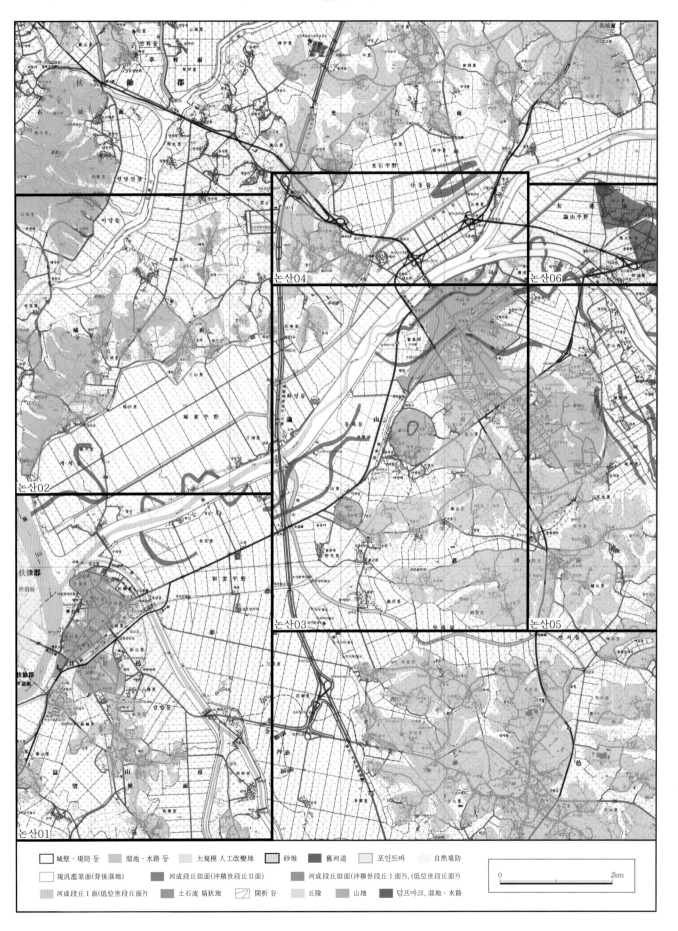

凡例(legend):
城壁・堤防 등　溜池・水路 등　大規模 人工改變地　砂堆　舊河道　포인트바　自然堤防
現況氾濫原面(背後濕地)　河成段丘Ⅲ面(沖積世段丘Ⅱ面)　河成段丘Ⅲ面(沖積世段丘Ⅰ面?), (低位世段丘面?)
河成段丘Ⅰ面(低位世段丘面?)　土石流 扇狀地　開析 谷　丘陵　山地　덤프마크, 濕地・水路

0　　　　　　2km

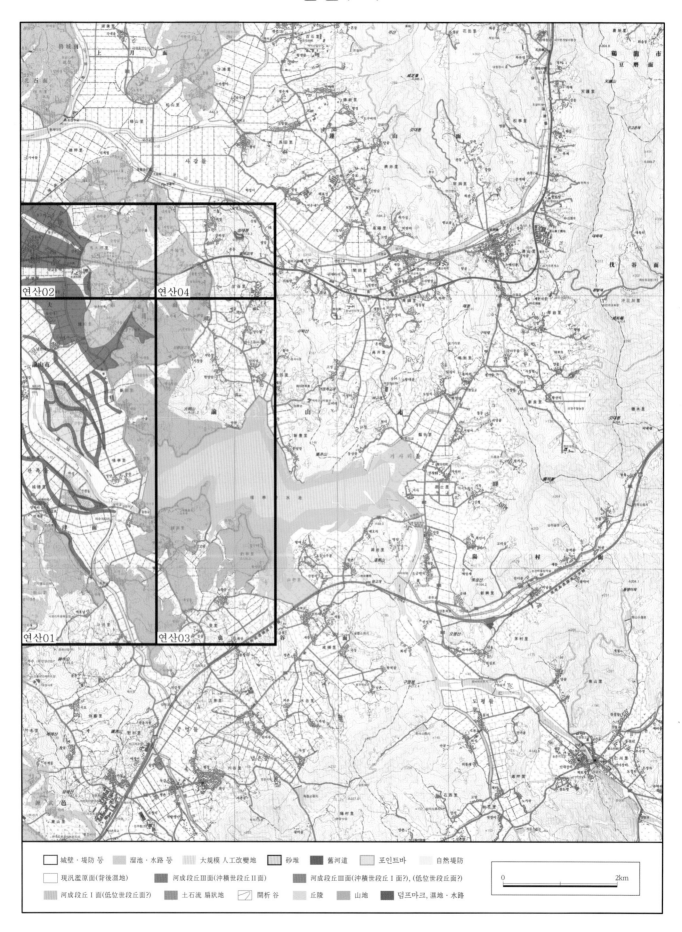

논산(01)

城壁・堤防 등　溜池・水路 등　大規模 人工改變地　砂堆　舊河道　포인트바　自然堤防
現汎濫原面(背後濕地)　河成段丘Ⅲ面(沖積世段丘Ⅱ面)　河成段丘Ⅲ面(沖積世段丘Ⅰ面?),(低位世段丘面?)
河成段丘Ⅰ面(低位世段丘面?)　土石流 扇狀地　開析 谷　丘陵　山地　덤프마크,濕地・水路

0　1km

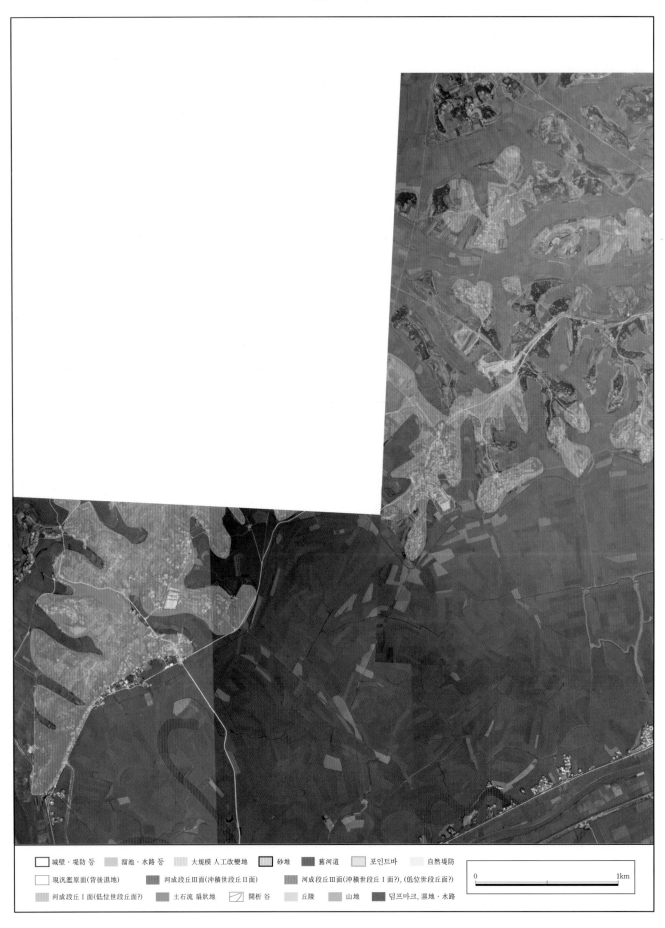

城壁 · 堤防 등　　溜池 · 水路 등　　大規模 人工改變地　　砂堆　　舊河道　　포인트바　　自然堤防

現汎濫原面(背後濕地)　　河成段丘Ⅲ面(沖積世段丘Ⅱ面)　　河成段丘Ⅲ面(沖積世段丘Ⅰ面?), (低位世段丘面?)

河成段丘Ⅰ面(低位世段丘面?)　　土石流 扇狀地　　開析 谷　　丘陵　　山地　　덤프마크, 濕地 · 水路

0　　　　　　　　　　1km

논산(03)

城壁・堤防 등　　溜池・水路 등　　大規模 人工改變地　　砂堆　　舊河道　　포인트바　　自然堤防

現汎濫原面(背後濕地)　　河成段丘Ⅲ面(沖積世段丘Ⅱ面)　　河成段丘Ⅲ面(沖積世段丘Ⅰ面?), (低位世段丘面?)

河成段丘Ⅰ面(低位世段丘面?)　　土石流 扇狀地　　開析 谷　　丘陵　　山地　　덤프마크, 濕地・水路

0　　　　　　　　　　1km

논산(04)

城壁・堤防 등　溜池・水路 등　大規模人工改變地　砂堆　舊河道　포인트바　自然堤防

現況濫原面(背後濕地)　河成段丘Ⅲ面(沖積世段丘Ⅱ面)　河成段丘Ⅲ面(沖積世段丘Ⅰ面?),(低位世段丘面?)

河成段丘Ⅰ面(低位世段丘面?)　土石流 扇狀地　開析谷　丘陵　山地　덤프마크, 濕地・水路

0　　　　　　　　　1km

논산(05), 연산(01)

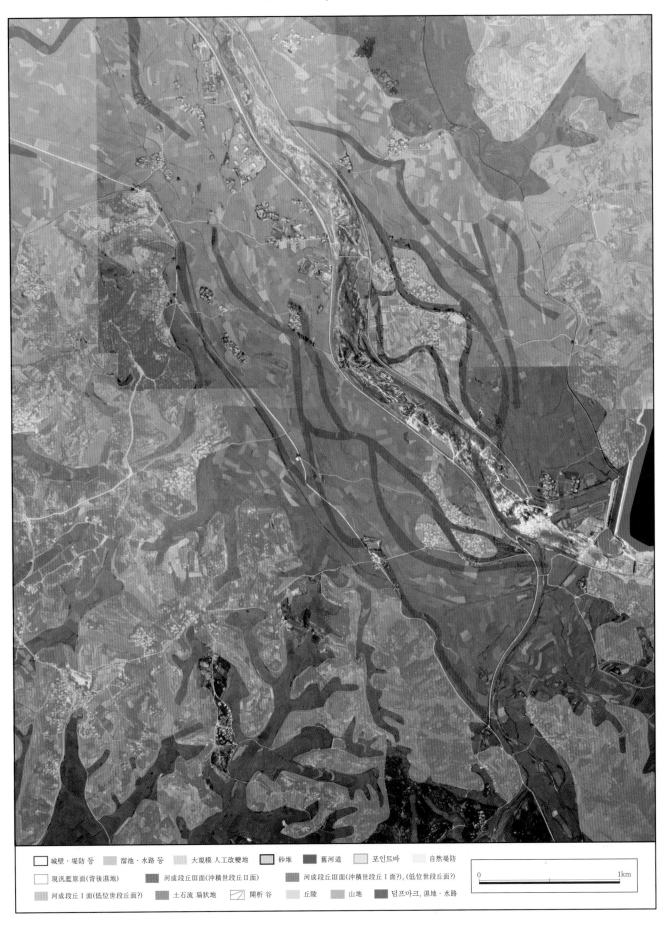

城壁·堤防 등　溜池·水路 등　大規模 人工改變地　砂堆　舊河道　포인트바　自然堤防

現汎濫原面(背後濕地)　河成段丘Ⅲ面(沖積世段丘Ⅱ面)　河成段丘Ⅲ面(沖積世段丘Ⅰ面?), (低位世段丘面?)

河成段丘Ⅰ面(低位世段丘面?)　土石流 扇狀地　開析 谷　丘陵　山地　덤프마크, 濕地·水路

0　　　　　　　　　1km

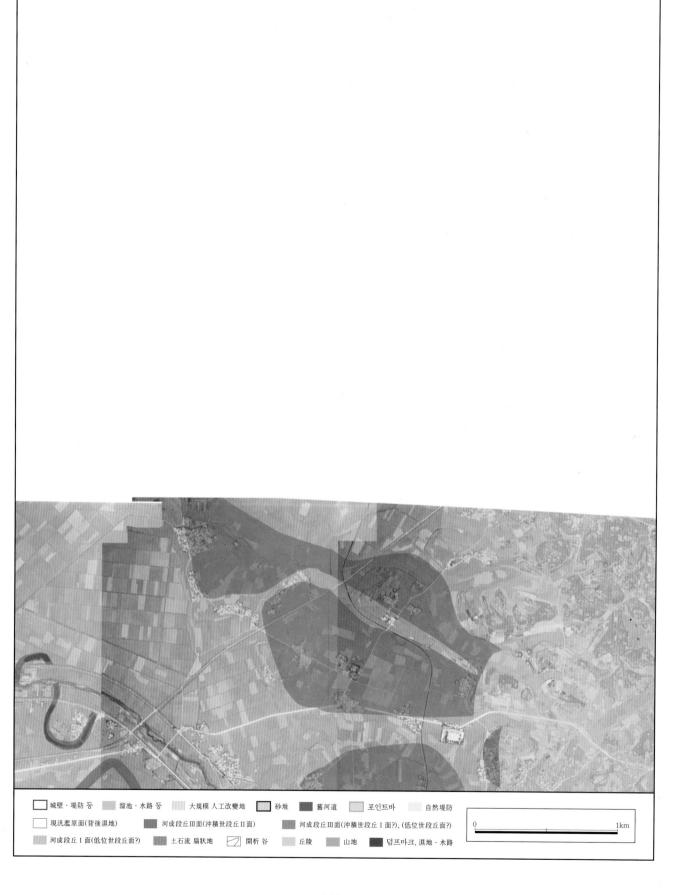

城壁・堤防 등　溜池・水路 등　大規模 人工改變地　砂堆　舊河道　포인트바　自然堤防

現況濫原面(背後濕地)　河成段丘Ⅲ面(沖積世段丘Ⅱ面)　河成段丘Ⅲ面(沖積世段丘Ⅰ面?), (低位世段丘面?)

河成段丘Ⅰ面(低位世段丘面?)　土石流 扇狀地　開析 谷　丘陵　山地　덤프마크, 濕地・水路

0　　　　　　　1km

연산(03)

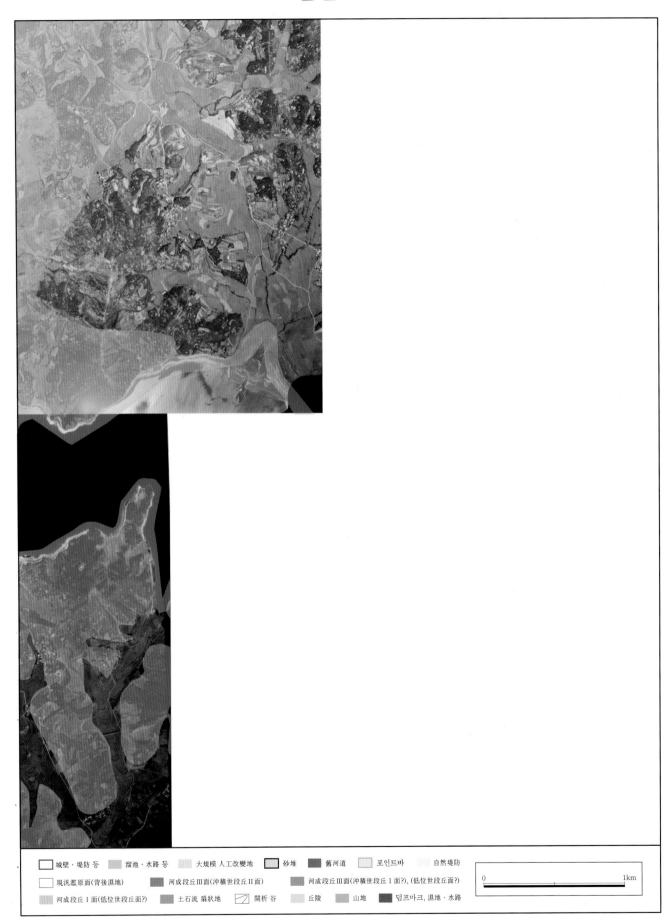

城壁・堤防 등   溜池・水路 등   大規模 人工改變地   砂堆   舊河道   포인트바   自然堤防

現汎濫原面(背後濕地)   河成段丘Ⅲ面(沖積世段丘Ⅱ面)   河成段丘Ⅲ面(沖積世段丘Ⅰ面?), (低位世段丘面?)

河成段丘Ⅰ面(低位世段丘面?)   土石流 扇狀地   開析 谷   丘陵   山地   덤프마크, 濕地・水路

0 _____ 1km

연산(04)

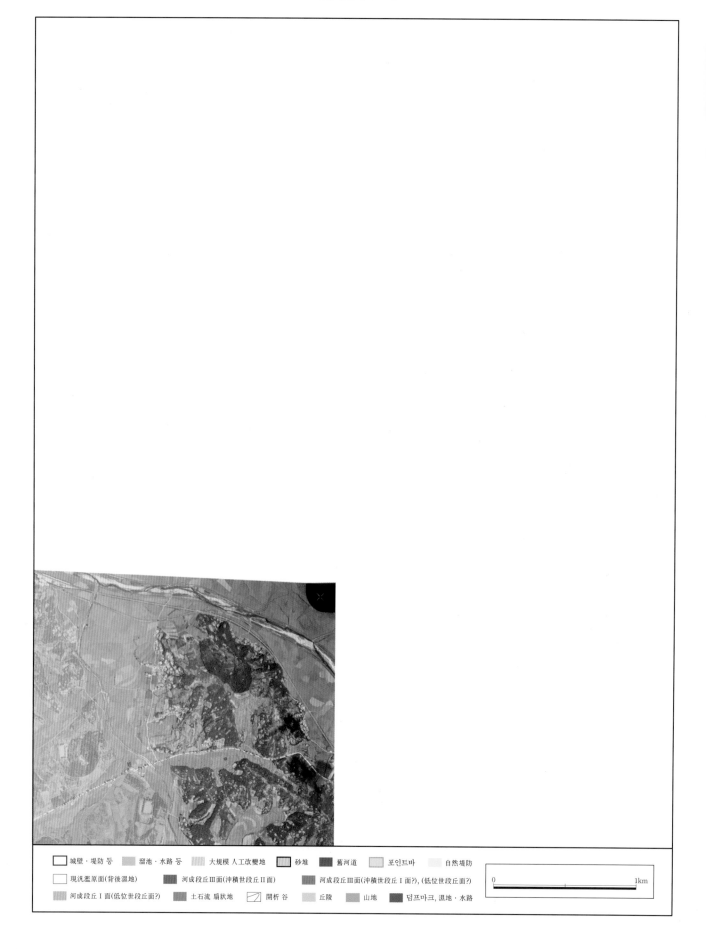

서천(22)

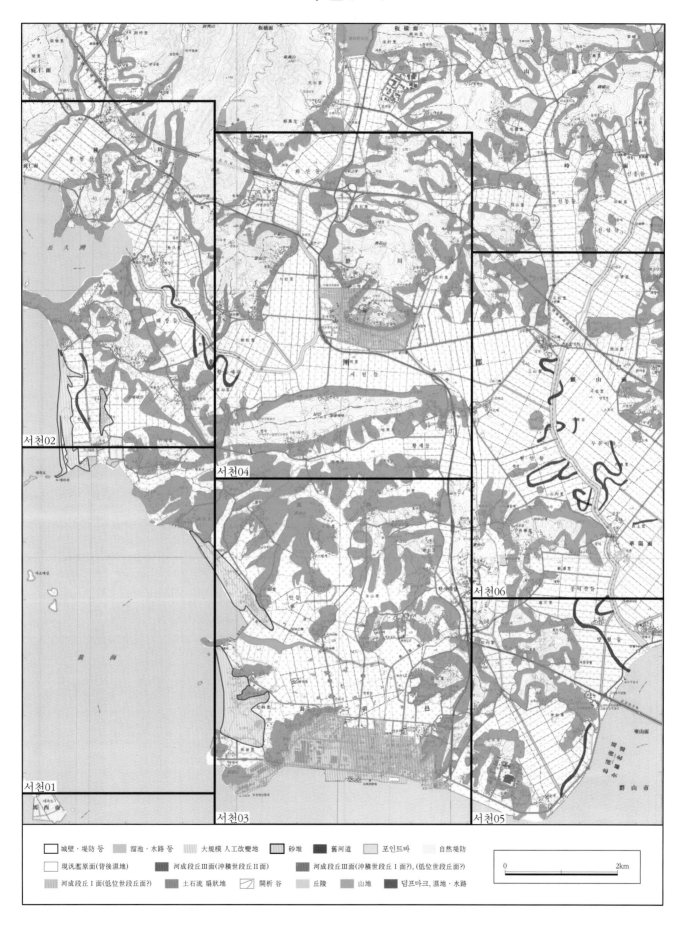

서천02

서천04

서천06

서천01

서천03

서천05

	城壁·堤防 등		溜池·水路 등		大規模 人工改變地		砂堆		舊河道		포인트바		自然堤防
	現況濫原面(背後濕地)		河成段丘Ⅲ面(沖積世段丘Ⅱ面)		河成段丘Ⅲ面(沖積世段丘Ⅰ面?), (低位世段丘面?)									
	河成段丘Ⅰ面(低位世段丘面?)		土石流 扇狀地		開析 谷		丘陵		山地		덤프마크, 濕地·水路		

0   2km

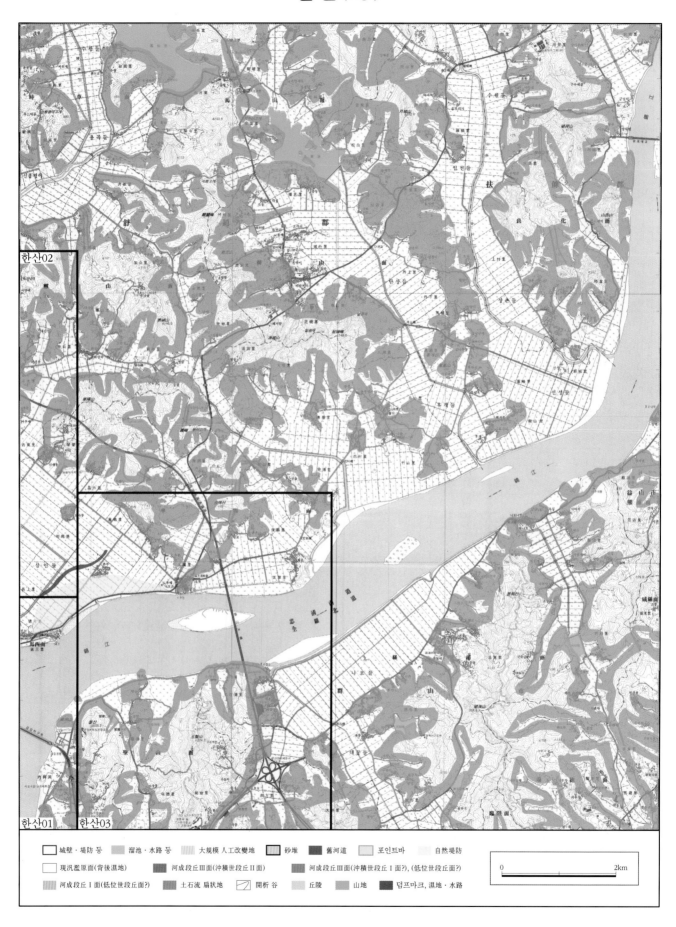

한산02

한산01   한산03

城壁・堤防 등	溜池・水路 등	大規模 人工改變地	砂堆	舊河道	포인트바	自然堤防
現汎濫原面(背後濕地)	河成段丘III面(沖積世段丘II面)	河成段丘III面(沖積世段丘I面?), (低位世段丘面?)
河成段丘I面(低位世段丘面?)	土石流 扇狀地	開析 谷	丘陵	山地	덤프마크, 濕地・水路

0   2km

군산(24)

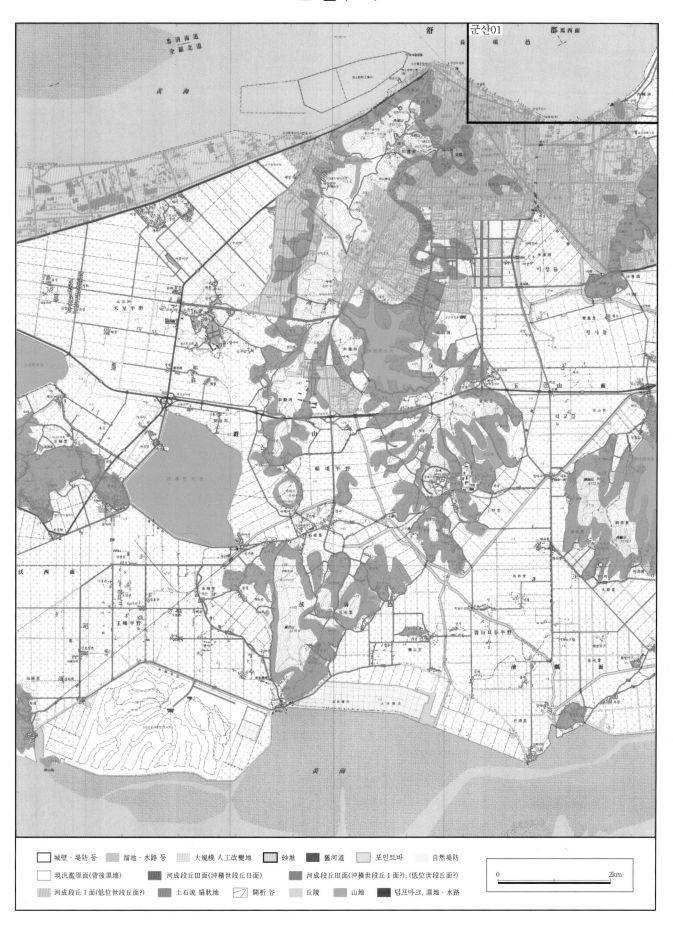

서천(01)

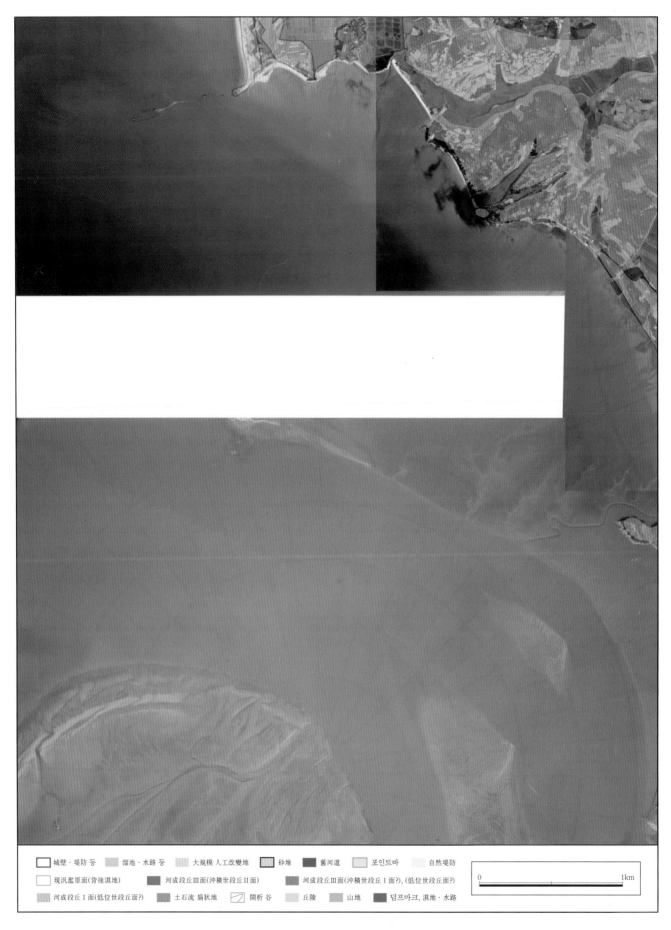

城壁·堤防 등   溜池·水路 등   大規模 人工改變地   砂堆   舊河道   포인트바   自然堤防
現汎濫原面(背後濕地)   河成段丘Ⅲ面(沖積世段丘Ⅱ面)   河成段丘Ⅲ面(沖積世段丘Ⅰ面?),(低位世段丘面?)
河成段丘Ⅰ面(低位世段丘面?)   土石流 扇狀地   開析 谷   丘陵   山地   덤프마크, 濕地·水路

0   1km

서천(02)

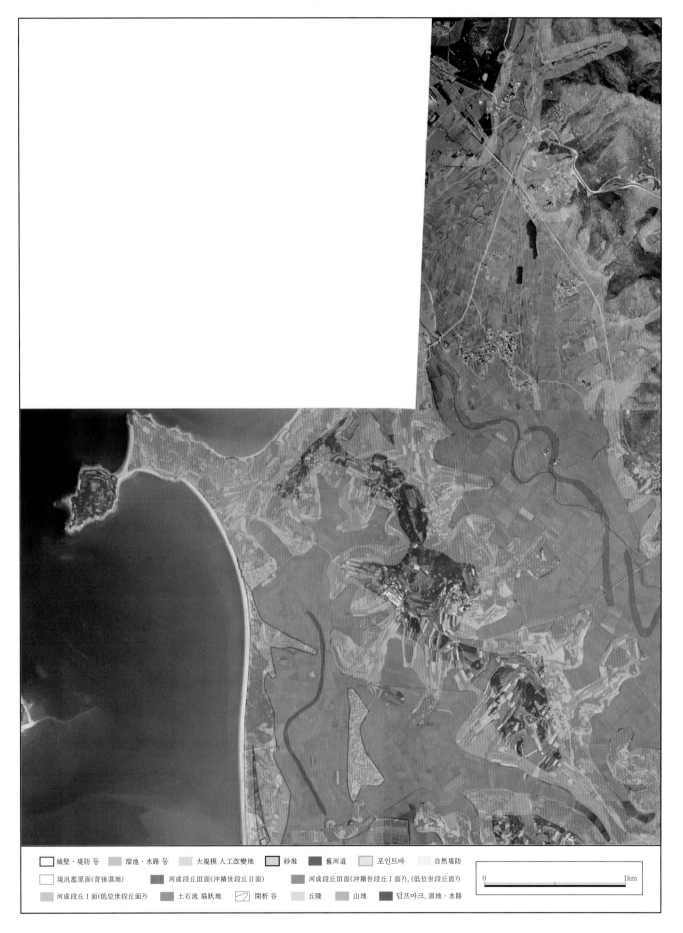

城壁・堤防 등　　溜池・水路 등　　大規模 人工改變地　　砂堆　　舊河道　　포인트바　　自然堤防

現汎濫原面(背後濕地)　　河成段丘Ⅲ面(沖積世段丘Ⅱ面)　　河成段丘Ⅲ面(沖積世段丘Ⅰ面?), (低位世段丘面?)

河成段丘Ⅰ面(低位世段丘面?)　　土石流 扇狀地　　開析 谷　　丘陵　　山地　　덤프마크, 濕地・水路

0　　　　　　　　　　　1km

城壁・堤防 등　　溜池・水路 등　　大規模 人工改變地　　砂堆　　舊河道　　포인트바　　自然堤防

現汎濫原面(背後濕地)　　河成段丘Ⅲ面(沖積世段丘Ⅱ面)　　河成段丘Ⅲ面(沖積世段丘Ⅰ面?), (低位世段丘面?)

河成段丘Ⅰ面(低位世段丘面?)　　土石流 扇狀地　　開析谷　　丘陵　　山地　　덤프마크, 濕地・水路

0　　　　　　　　　　　　　　　1km

서천(04)

城壁・堤防 등　溜池・水路 등　大規模 人工改變地　砂堆　舊河道　포인트바　自然堤防

現汎濫原面(背後濕地)　河成段丘Ⅲ面(沖積世段丘Ⅱ面)　河成段丘Ⅲ面(沖積世段丘Ⅰ面?), (低位世段丘面?)

河成段丘Ⅰ面(低位世段丘面?)　土石流 扇狀地　開析 谷　丘陵　山地　덤프마크, 濕地・水路

0　　　　1km

서천(05), 한산(01), 군산(01)

城壁・堤防 등 | 溜池・水路 등 | 大規模 人工改變地 | 砂堆 | 舊河道 | 포인트바 | 自然堤防

現汎濫原面(背後濕地) | 河成段丘Ⅲ面(沖積世段丘Ⅱ面) | 河成段丘Ⅲ面(沖積世段丘Ⅰ面?), (低位世段丘面?)

河成段丘Ⅰ面(低位世段丘面?) | 土石流 扇狀地 | 開析 谷 | 丘陵 | 山地 | 덤프마크, 濕地・水路

0 _____ 1km

서천(06), 한산(02)

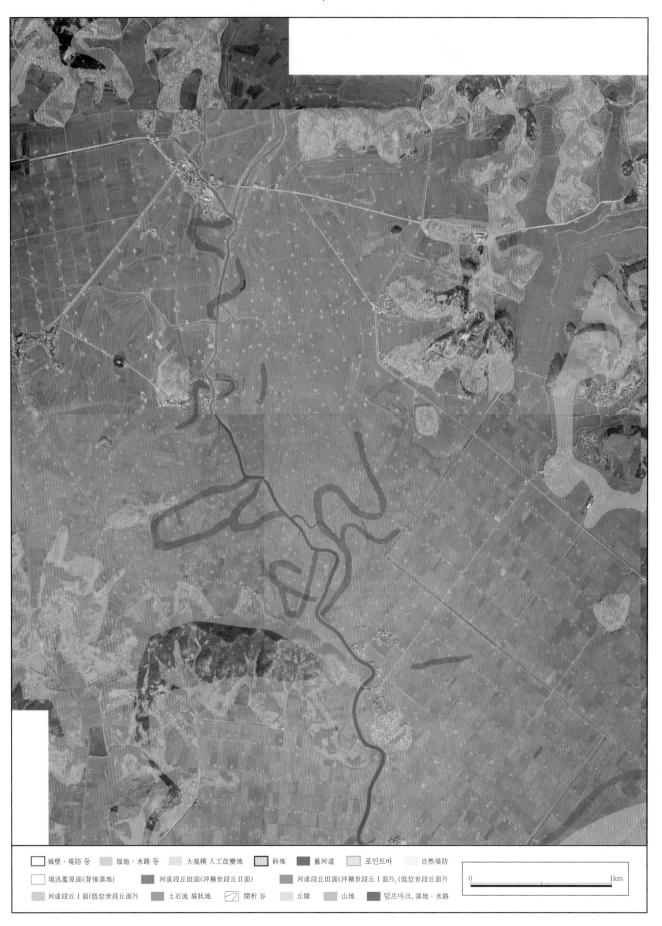

城壁·堤防 등　溜池·水路 등　大規模 人工改變地　砂堆　舊河道　포인트바　自然堤防

現況濫原面(背後濕地)　河成段丘Ⅲ面(沖積世段丘Ⅱ面)　河成段丘Ⅲ面(沖積世段丘Ⅰ面?), (低位世段丘面?)

河成段丘Ⅰ面(低位世段丘面?)　土石流 扇狀地　開析 谷　丘陵　山地　덤프마크, 濕地·水路

0　　　　1km

한산(03)

안강(26)

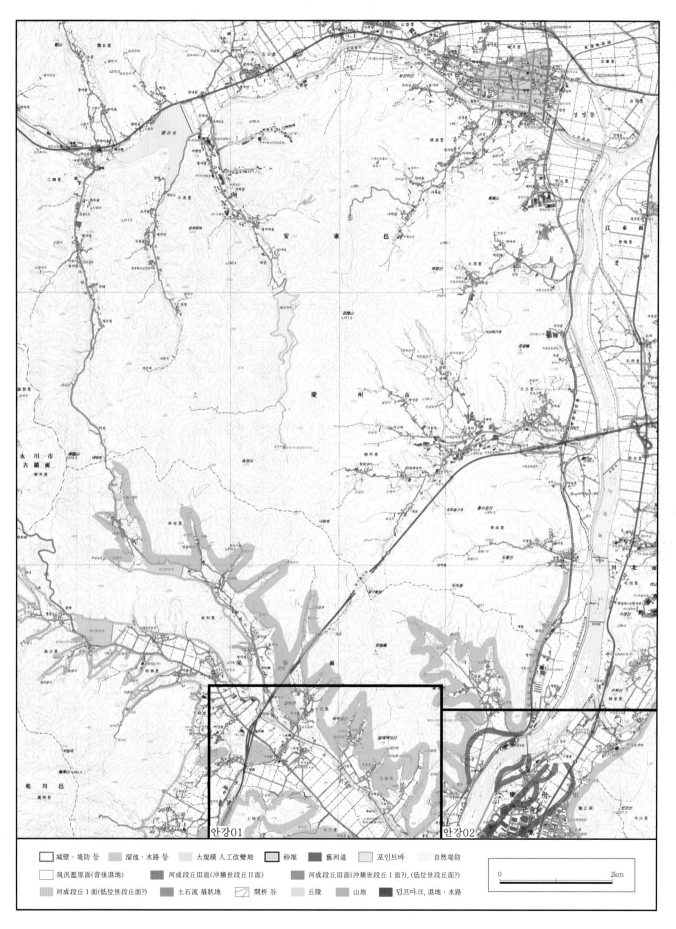

城壁·堤防 등　溜池·水路 등　大規模 人工改變地　砂堆　舊河道　포인트바　自然堤防

現汎濫原面(背後濕地)　河成段丘III面(沖積世段丘II面)　河成段丘III面(沖積世段丘I面?),(低位世段丘面?)

河成段丘I面(低位世段丘面?)　土石流 扇狀地　開析 谷　丘陵　山地　덤프마크,濕地·水路

0　　　　　2km

안강01　　　안강02

125

경주(27)

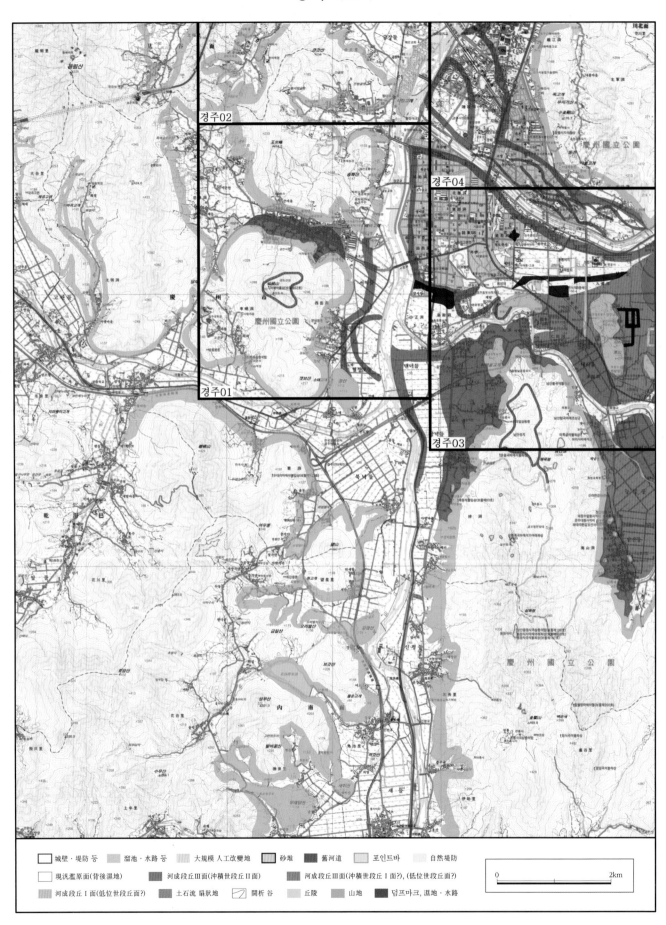

경주02
경주04
경주01
경주03

城壁·堤防 등	溜池·水路 등	大規模 人工改變地	砂堆	舊河道	포인트바	自然堤防

現況氾濫原面(背後濕地)	河成段丘III面(沖積世段丘II面)	河成段丘III面(沖積世段丘I面?), (低位世段丘面?)

河成段丘I面(低位世段丘面?)	土石流 扇狀地	開析 谷	丘陵	山地	덤프마크,濕地·水路

0   2km

불국(28)

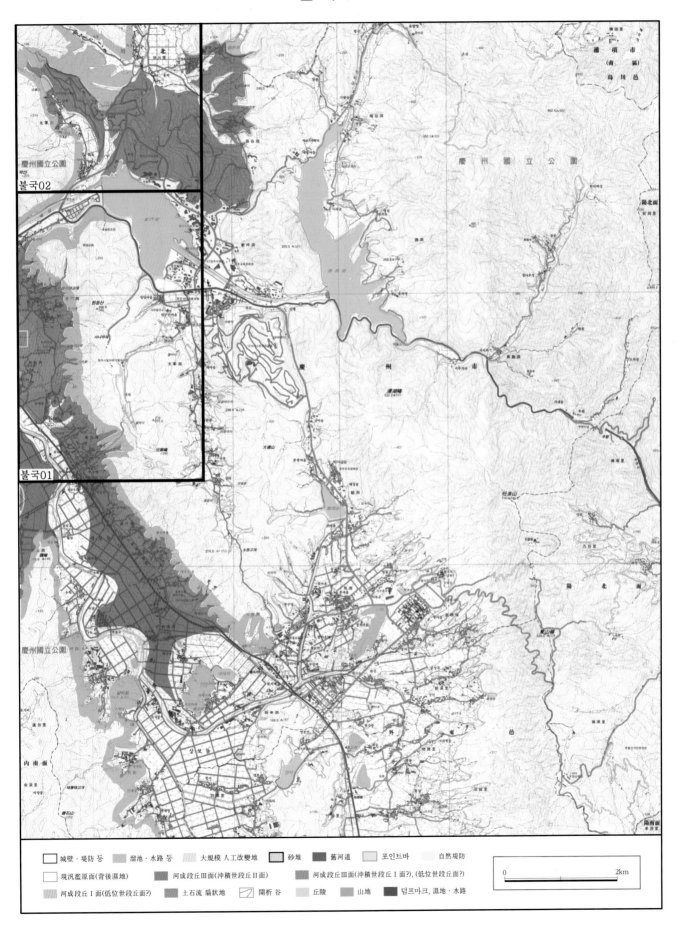

城壁・堤防 등 溜池・水路 등 大規模 人工改變地 砂堆 舊河道 포인트바 自然堤防
現況濫原面(背後濕地) 河成段丘Ⅲ面(沖積世段丘Ⅱ面) 河成段丘Ⅲ面(沖積世段丘Ⅰ面?),(低位世段丘面?)
河成段丘Ⅰ面(低位世段丘面?) 土石流 扇狀地 開析 谷 丘陵 山地 덤프마크,濕地・水路

0   2km

경주(01)

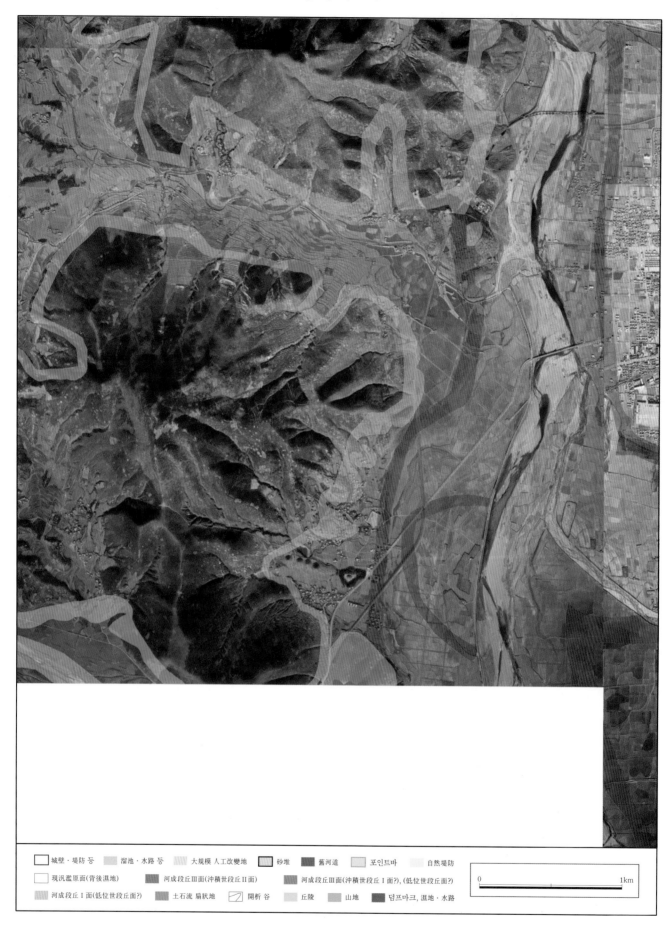

城壁・堤防 등　溜池・水路 등　大規模 人工改變地　砂堆　舊河道　포인트바　自然堤防

現汎濫原面(背後濕地)　河成段丘Ⅲ面(沖積世段丘Ⅱ面)　河成段丘Ⅲ面(沖積世段丘Ⅰ面?), (低位世段丘面?)

河成段丘Ⅰ面(低位世段丘面?)　土石流 扇狀地　開析谷　丘陵　山地　덤프마크, 濕地・水路

0 1km

128

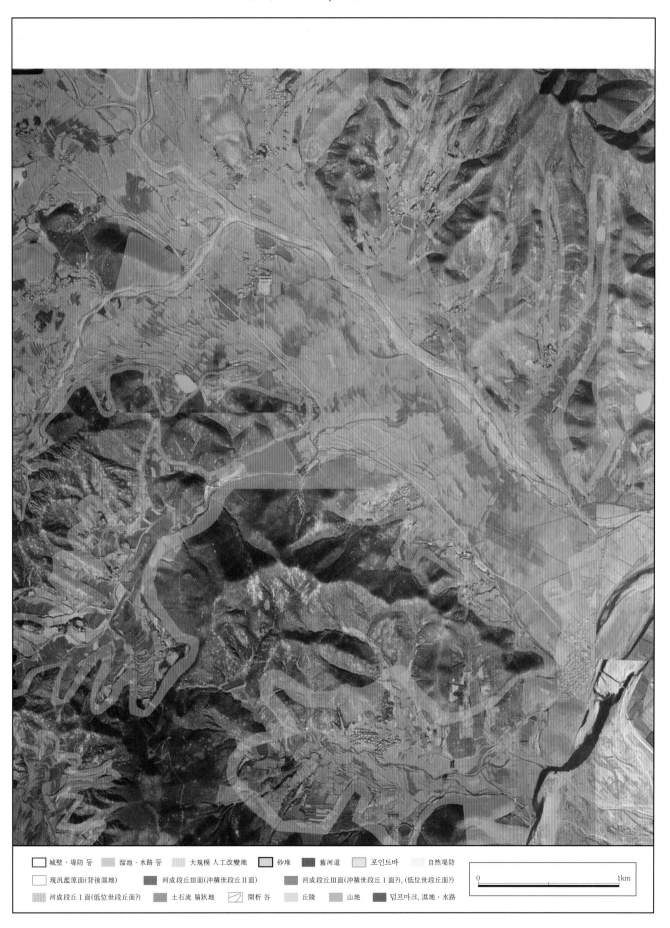

城壁・堤防 등　溜池・水路 등　大規模 人工改變地　砂堆　舊河道　포인트바　自然堤防

現汎濫原面(背後濕地)　河成段丘III面(沖積世段丘II面)　河成段丘III面(沖積世段丘I面?), (低位世段丘面?)

河成段丘I面(低位世段丘面?)　土石流 扇狀地　開析谷　丘陵　山地　덤프마크, 濕地・水路

0　1km

경주(03)

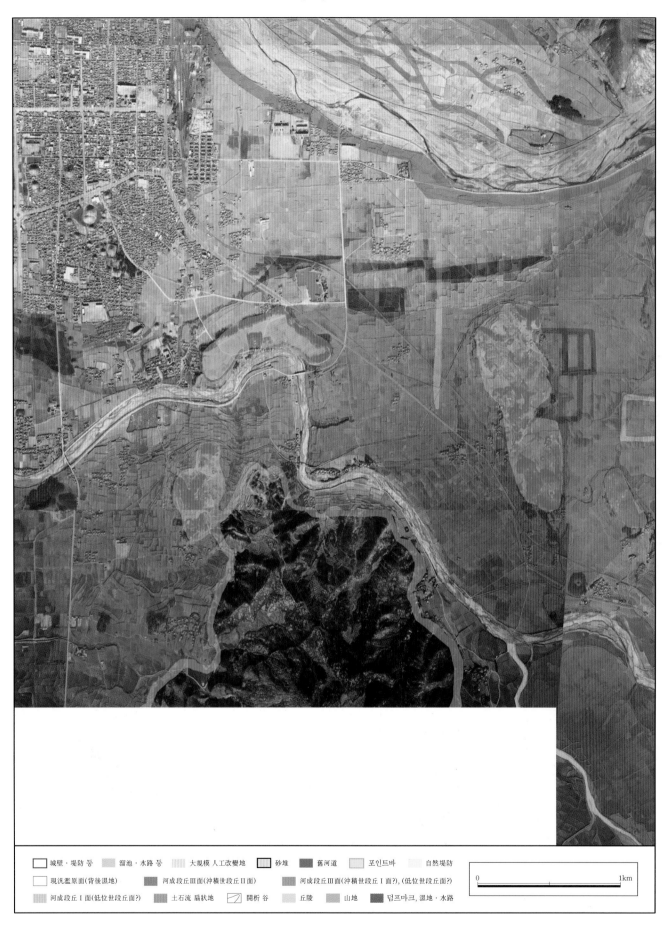

城壁・堤防 등　　溜池・水路 등　　大規模人工改變地　　砂堆　　舊河道　　포인트바　　自然堤防

現況氾原面(背後濕地)　　河成段丘Ⅲ面(沖積世段丘Ⅱ面)　　河成段丘Ⅲ面(沖積世段丘Ⅰ面?), (低位世段丘面?)

河成段丘Ⅰ面(低位世段丘面?)　　土石流 扇狀地　　開析谷　　丘陵　　山地　　덤프마크, 濕地・水路

0　　　　　　　　　　　　　　　　1km

城壁・堤防 등   溜池・水路 등   大規模 人工改變地   砂堆   舊河道   포인트바   自然堤防

現汎濫原面(背後濕地)   河成段丘Ⅲ面(沖積世段丘Ⅱ面)   河成段丘Ⅲ面(沖積世段丘Ⅰ面?),(低位世段丘面?)

河成段丘Ⅰ面(低位世段丘面?)   土石流 扇狀地   開析 谷   丘陵   山地   덤프마크, 濕地・水路

0   1km

불국(01)

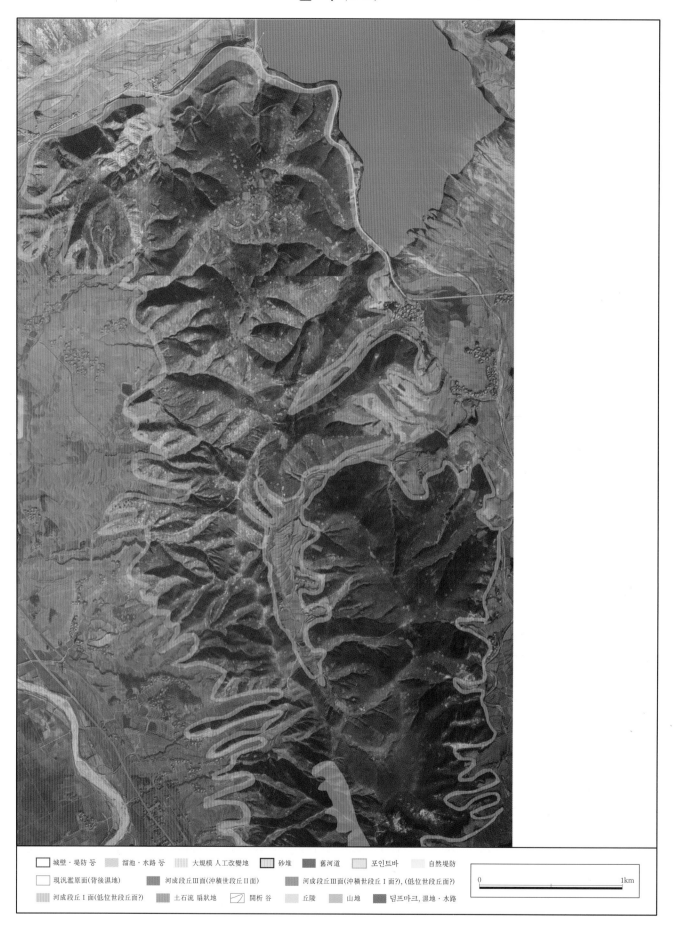

城壁·堤防 등　溜池·水路 등　大規模 人工改變地　砂堆　舊河道　포인트바　自然堤防

現汎濫原面(背後濕地)　河成段丘III面(沖積世段丘II面)　河成段丘III面(沖積世段丘I面?), (低位世段丘面?)

河成段丘I面(低位世段丘面?)　土石流 扇狀地　開析谷　丘陵　山地　덤프마크, 濕地·水路

0　　　　　　　　　　1km

불국(02)